全国技工院校汽车维修专业模块化教材
（中级技能层级）

U0299144

机械常识与维修基础

（第二版）

徐斌◎主编

中国劳动社会保障出版社

简介

本书主要内容包括机械传动、常用机构、常用零件、液压传动、金属材料、非金属材料、汽车运行材料、汽车维修基本知识等。

本书由徐斌任主编，姚东升、王勇、王道龙、王宝扬、韩博名、姜欣、张海涛参与编写，余成路任主审。

图书在版编目（CIP）数据

机械常识与维修基础 / 徐斌主编 . -- 2 版 . -- 北京：中国劳动社会保障出版社，2024

全国技工院校汽车维修专业模块化教材 . 中级技能层级

ISBN 978-7-5167-6353-7

Ⅰ.①机… Ⅱ.①徐… Ⅲ.①机械学 - 中等专业学校 - 教材②机械维修 - 中等专业学校 - 教材 Ⅳ.①TH11②TH17

中国国家版本馆 CIP 数据核字（2024）第 067058 号

中国劳动社会保障出版社出版发行

（北京市惠新东街 1 号　邮政编码：100029）

*

保定市中画美凯印刷有限公司印刷装订　　新华书店经销

787 毫米 ×1092 毫米　16 开本　17.75 印张　333 千字

2024 年 6 月第 2 版　　2024 年 6 月第 1 次印刷

定价：36.00 元

营销中心电话：400-606-6496

出版社网址：http://www.class.com.cn

http://jg.class.com.cn

前　言

为了适应汽车行业的发展现状，更好地满足全国技工院校汽车维修专业的教学需求，全面提升教学质量，我们组织全国有关学校的一线教师和行业、企业专家，在充分调研企业用人需求和学校教学情况、吸收借鉴各地技工院校教学改革的成功经验的基础上，根据人力资源社会保障部颁布的《全国技工院校专业目录》及相关教学文件，对全国技工院校汽车维修专业教材进行了修订和新编。

本次修订（新编）工作的重点主要有以下几个方面。

科学规划教学模块

本套教材采用"模块化"体系构建，划分为基础模块、发动机模块、底盘模块、电气模块、维护与诊断模块、选修模块等六大模块，教学操作性好，可满足技工院校汽车维修专业的教学需求。

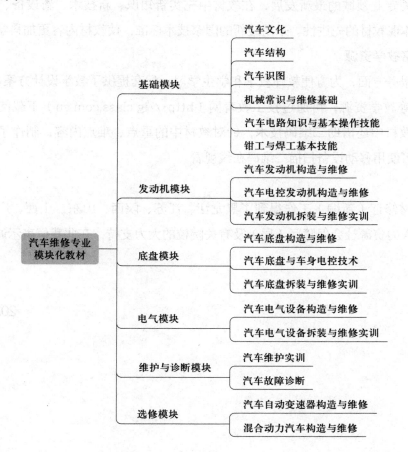

汽车维修专业模块化教材

- 基础模块
  - 汽车文化
  - 汽车结构
  - 汽车识图
  - 机械常识与维修基础
  - 汽车电路知识与基本操作技能
  - 钳工与焊工基本技能
- 发动机模块
  - 汽车发动机构造与维修
  - 汽车电控发动机构造与维修
  - 汽车发动机拆装与维修实训
- 底盘模块
  - 汽车底盘构造与维修
  - 汽车底盘与车身电控技术
  - 汽车底盘拆装与维修实训
- 电气模块
  - 汽车电气设备构造与维修
  - 汽车电气设备拆装与维修实训
- 维护与诊断模块
  - 汽车维护实训
  - 汽车故障诊断
- 选修模块
  - 汽车自动变速器构造与维修
  - 混合动力汽车构造与维修

突出职业教育特色

坚持以能力为本位，突出职业教育特色。通过行业、企业调研，掌握企业对汽车维修专业人才的岗位需求和技能要求，确定人才培养目标，构建科学合理的课程体系。根据课程教学目标，合理确定学生应具备的知识与能力结构；充分考虑企业生产实际，选择当前市面上广泛使用的汽车车型进行教学。

根据汽车维修专业毕业生就业岗位的实际需要和行业发展趋势，合理确定学生应具备的能力和知识结构，对教材内容及其深度、广度、难度进行了调整。同时，进一步突出实际应用能力的培养，以满足社会对技能型人才的需求。

创新教材内容形式

在编写模式上，根据技工院校学生认知规律，以完成具体工作任务为主线组织教材内容，将理论知识的讲解与工作任务载体有机结合，激发学生的学习兴趣，提高学生的实践能力。

在教材内容的表现形式上，较多地利用实物照片和表格等形式将知识点生动地展示出来，力求让学生更直观地理解和掌握所学内容。部分教材采用四色印刷，图文并茂，增强了教材内容的表现效果，提高了教材的可读性，符合学生的阅读习惯。

根据相关专业领域的最新发展，在教材中充实新知识、新技术、新设备、新材料等方面的内容，体现教材的先进性。采用最新的国家技术标准，使教材内容更加科学和规范。

提供丰富教学资源

在教学服务方面，为方便教师教学和学生学习，配套提供了教学设计方案、电子课件、习题册答案等教学资源，可通过技工教育网（http://jg.class.com.cn）下载使用。除此之外，在部分教材中还借助二维码技术，针对教材中的重点、难点内容，制作了微视频等多媒体资源，可使用移动设备扫描二维码在线观看。

致谢

本次教材修订（新编）工作得到了黑龙江、江苏、陕西、山东、山西、广东、广西等省、自治区人力资源社会保障厅（局）及有关院校的大力支持，在此我们表示诚挚的谢意。

编者

2023 年 4 月

目　录

模块八 | 汽车维修基本知识

Ⅲ

绪　论

学习目标

1. 掌握机械、机器、机构、零件、构件及运动副等有关基本概念。
2. 了解本课程的性质、任务、要求和主要内容。

相关知识

一、机械的组成

1. 机器与机构

机器是根据使用要求而设计的一种执行机械运动的装置，用来变换或传递能量、物料与信息等。机器通常用于生产、生活，是进行生产劳动、改善生产和生活条件的重要工具，它既能承担人力所不能完成、不便进行的工作，又能改进产品质量，提高劳动生产率和改善劳动条件。

当注意观察常见的一些机器（如汽车、起重机、机床等）时会发现，它们都装有一个（或几个）用来接受外界输入能源的原动机（如内燃机、电动机等），并通过机器中的一系列传动，把原动机的动力输出做功。因此一台完整的机器一般是由原动部分、传动部分、执行部分和控制部分所组成的，如图 0-1 所示。

图 0-1　汽车的组成

机构是由若干个构件（零件）组成的，用来传递运动和动力的系统。机器与机构的区别在于机器的作用是做机械功或能量转换；而机构的主要作用是传递运动或改变运动的形式。如图 0-2 所示汽车的配气机构、曲柄连杆机构等就是典型的机构。

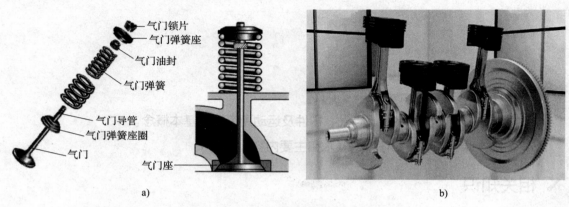

a)   b)

图 0-2　典型的机构

a）配气机构　b）曲柄连杆机构

若不考虑做功和能量转换方面的问题，仅从结构和运动的角度来看，机构和机器之间是没有区别的。为了简化叙述，常用"机械"作为机器和机构的总称。

2. 零件与构件

零件是组成机器的基本要素，是机器中不可再拆卸的基本单元。零件分为两类，一类是在各种机器中都可能用到的零件，称为通用零件，如螺母、键、螺杆、齿轮和轴等；另一类则是在特定类型机器中才能用到的零件，称为专用零件，如汽车曲轴、活塞等，如图 0-3 所示。

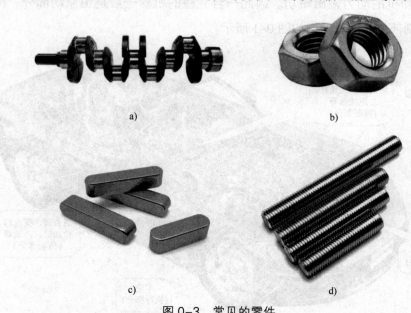

a)   b)

c)   d)

图 0-3　常见的零件

a）汽车曲轴　b）螺母　c）键　d）螺杆

　　为了装配方便，有时先将一组协同工作的零件分别装配制造成一个个相对独立的组合体，然后再装到机器中，这种组合体称为部件或组件，如轴承、汽车的各个总成等。

　　构件是形成机器中运动部分的最基本单元，是相互之间能做相对运动的物体，按运动状况构件可分为固定构件和运动构件。固定构件又称为机架，用于支承运动构件，如汽车发动机气缸体等。运动构件是相对于固定构件运动的构件，如汽车发动机中的活塞、变速器中的齿轮等。

　　构件和零件的区别在于：构件是最基本的运动单元，可能是一个零件，也可能是若干个零件组成的刚性组合件，如齿轮用键与轴连成一个整体而成为一个构件；零件是最基本的制造单元，如齿轮、键、轴等。

　　3. 运动副和机构运动简图

　　（1）运动副

　　组成机构的所有构件都有确定的相对运动，如汽车发动机中的曲柄连杆机构的活塞与气缸体之间、活塞与连杆之间、连杆与曲轴之间。可以看出各构件之间要实现相对运动，就必须以某种形式连接或约束起来，这种两个构件之间直接接触又能产生一定相对运动的连接称为运动副。运动副分为高副和低副，两构件通过面接触而构成的运动副称为低副；两构件通过点或线接触而构成的运动副称为高副。表 0-1 给出了各种运动副的比较。

表 0-1　各种运动副的比较

类型		实例	接触形式	相对运动	特点
低副	转动副			转动	
	移动副		一般为平面或圆柱面	往复移动	接触面积大，承载能力强，但摩擦表面大，摩擦阻力增大，因此传动效率低
	螺旋副			转动和往复移动的复合运动	

续表

类型		实例	接触形式	相对运动	特点
高副	齿轮副		点或线	比较复杂	接触面积小，因此压力大，易磨损，但较灵敏，能传递复杂的运动
	凸轮副				

（2）机构运动简图

用特定的符号或线条表示机构运动的特性，并按一定比例表示各运动副相对位置而绘制的简单图形，称为机构运动简图，其常用图形符号见表0-2。

表0-2　机构运动简图常用图形符号

名称	图形符号	名称	图形符号
杆、轴	 ——	外啮合齿轮机构	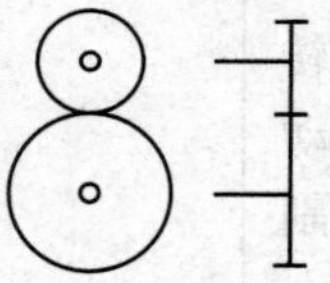
转动副（铰链）	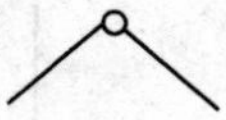	内啮合齿轮机构	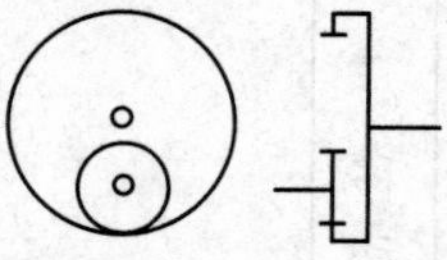
固定铰链支座		圆锥齿轮机构	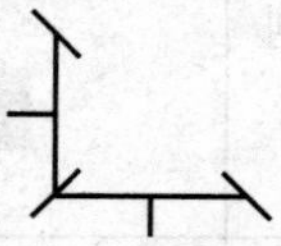
移动铰链支座		凸轮机构	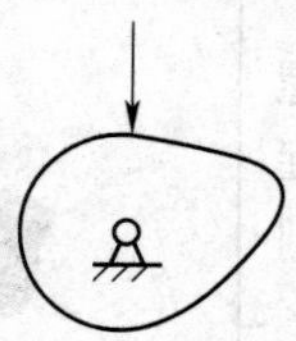
机架（固定）			

汽车作为应用最广泛的机械，也是由各种机构、零件组成的，是能够完成机械运动或能量转换的一台完整的机器。汽车维修专业人员在掌握机械运动基础知识的同时，还必须掌握汽车运行材料如摩擦材料、燃料、润滑材料等有关知识。

二、本课程的性质、任务与主要内容

1. 本课程的性质与任务

本课程是汽车维修、汽车驾驶及其相关专业的一门基础课。通过本课程的学习应达到以下要求：

（1）掌握机械传动的类型、传动原理、应用特点，并能进行简单计算。

（2）掌握常用机构的工作原理、运动特点和应用。

（3）掌握常用零件的工作原理、结构特点和应用场合。

（4）了解液压传动的基本知识，掌握液压传动的基本原理以及典型液压元件的构造、工作原理、图形符号和应用特点；掌握液压典型回路的构成及简单液压系统的分析方法。

（5）掌握常用金属材料的牌号、性能及应用范围。了解热处理的目的、分类及应用。

（6）掌握汽车燃料、润滑材料和工作油液的基本知识，懂得选用和使用注意事项。

（7）了解塑料、橡胶、黏合剂的基本知识及其在汽车中的应用。

（8）掌握汽车维修基础知识以及汽车维修常用工量具的使用方法。

（9）掌握车辆和总成大修的送修标志。

（10）掌握各级汽车维护的作业内容。

（11）熟悉汽车维修的安全生产要求。

2. 本课程的主要内容

本课程的主要内容包括机械传动、常用机构、常用零件、液压传动、金属材料、非金属材料、汽车运行材料和汽车维修等方面的基础知识。

模块一
机 械 传 动

　　汽车是一个机械系统，在其整体构造中处处都有机械传动的例子，如汽车的启动、加速、减速、倒车、停车等都离不开机械传动。机械传动有多种类型，按实现的功能不同可分为变速传动（如变速器、主减速器）、改变运动方式传动（如活塞直线运动变曲轴旋转运动）、变向传动以及运动和动力分配传动（如汽车同步带传动）；按传动原理不同可分为摩擦传动、啮合传动和推压传动（如凸轮机构）；按传动装置的结构不同可分为直接接触的传动和有中间挠性件的传动；按传动比是否可变，可分为定传动比传动和变传动比传动。

课题 一 　摩 擦 传 动

学习目标

1. 熟悉摩擦传动的类型和传动特点。
2. 掌握摩擦传动的原理。
3. 掌握摩擦传动的传动比计算。

相关知识

一、摩擦传动的原理

　　摩擦传动是依靠分别装在两轴上相互压紧的两部分来传动的，一部分为主动部分，另一部分为从动部分。依靠摩擦力来实现动力的传递，从而达到动力的输出。

　　摩擦传动是利用摩擦力来实现的，要使传动能正常进行，就须有足够大的摩擦力，使摩擦力矩大于阻力力矩，否则就会出现打滑现象。摩擦传动的主、从动部分必须要有足够的接触面积；要确保主、从动两部分接触面的相对压力；接触面必须具有足够的摩擦系数。

　　由摩擦定律 $F=fN$ 可知，要想具有足够的摩擦力 F，防止两接触面在传动中出现打滑现象，可通过增加接触面处的正压力 N 或接触表面摩擦系数 f 来实现。

　　1. 增大正压力

　　可在主、从动摩擦部分之间安装弹簧或其他施力装置，如图 1-1-1 所示的圆锥式摩擦传动中采用螺钉来调整正压力的大小，螺钉向右旋转使弹簧张力增大，正压力也增大；反之，螺钉向左旋转使弹簧张力减小，正压力也减小。但压力不能无限增加，否则会加剧其他元件（如轴等）的负荷，造成设备损坏。

2. 增大摩擦系数

摩擦系数的大小与摩擦表面材料有关，因此，应尽量选用摩擦系数较高的材料用于动力传递的摩擦表面。如汽车离合器摩擦片表面采用纤维材料（图1-1-2）以提高摩擦系数 f。

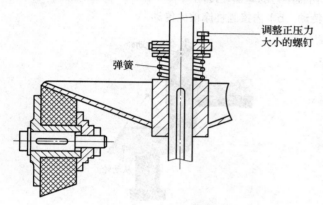

图1-1-1　圆锥式摩擦传动　　　　　图1-1-2　汽车离合器摩擦片

另外，还可以用增大摩擦表面的方法增大摩擦力矩，防止打滑现象，但此方法会使传动尺寸增大，结构笨重。

二、摩擦传动的类型

1. 普通摩擦传动

普通摩擦传动是指主、从动轴重合，通过主、从动轮直接接触来传递动力。例如，汽车离合器中的摩擦传动就是普通摩擦传动。

2. 摩擦轮传动

摩擦轮传动可按轴线在空间的位置分为两轴平行的摩擦轮传动和两轴相交的摩擦轮传动两类。

（1）两轴平行的摩擦轮传动

图1-1-3a所示为外接圆柱摩擦轮传动，摩擦轮为圆柱形，两摩擦轮的转动方向相反。也可采用图1-1-3b所示的内接圆柱摩擦轮传动，两摩擦轮的转动方向相同。

（2）两轴相交的摩擦轮传动

两轴相交的摩擦轮传动如图1-1-4所示，两轮轴线在空间上是相交的。图1-1-4a所示为圆盘式摩擦轮传动，图1-1-4b为圆锥式摩擦轮传动。圆锥式摩擦轮传动两轮的接触面是圆锥面，在安装时，必须使两轮的锥顶重合，这样才能使锥面上各接触点的线速度相等。

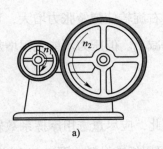 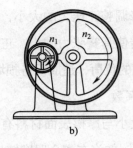

图 1-1-3　两轴平行的摩擦轮传动

a）外接圆柱摩擦轮传动　b）内接圆柱摩擦轮传动

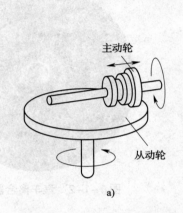 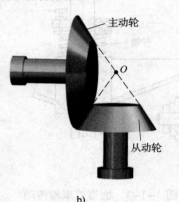

图 1-1-4　两轴相交的摩擦轮传动

a）圆盘式摩擦轮传动　b）圆锥式摩擦轮传动

三、摩擦传动的传动比

机构中瞬时输入速度与瞬时输出速度之比称为传动比，其表达式为：

$$i = \frac{n_1}{n_2}$$

式中　n_1——主动部分转速，r/min；

　　　n_2——从动部分转速，r/min。

若传动比 $i=1$，则该传动为等速传动；若传动比 $i>1$，则该传动用于降低转速和增大转矩；若传动比 $i<1$，则该传动用于提高转速和降低转矩。

汽车摩擦式离合器（普通摩擦传动）的传动比为 1，其主、从动部分转速相同，即 $n_1=n_2$；摩擦轮传动的传动比是主动轮转速 n_1 与从动轮转速 n_2 的比值，如不考虑两摩擦轮接触点的相对滑动，那么两轮在接触点的圆周速度（线速度）是相等的，即 $v_1=v_2$，若主动轮直径为 d_1，从动轮直径为 d_2，则

$$\pi d_1 n_1 = \pi d_2 n_2$$

即

$$d_1 n_1 = d_2 n_2 \quad \text{或} \quad \frac{n_1}{n_2} = \frac{d_2}{d_1}$$

摩擦轮传动的传动比 $i=\dfrac{n_1}{n_2}=\dfrac{d_2}{d_1}$，即摩擦轮传动中两轮转速之比与摩擦轮直径成反比。

【例 1-1-1】 如图 1-1-3 所示，两轴平行的摩擦轮传动，大轮直径为 96 cm，小轮直径为 48 cm，小轮为主动轮，试计算其传动比，并说明该传动是加速传动还是减速传动。

解： 根据摩擦轮传动的传动比计算公式

$$i=\frac{n_1}{n_2}=\frac{d_2}{d_1}$$

则摩擦轮传动的传动比 $i=\dfrac{96}{48}=2$，该传动为减速传动。

四、摩擦传动的特点

1. 噪声低，传动平稳，在动力连续传递的情况下无级调节传动比。

2. 结构简单，使用、维修方便，适用于两轴中心距较近的传动。

3. 可实现过载保护。

4. 由于打滑不能保证准确的传动比，因此传动精度和传动效率较低。

五、摩擦传动应注意的问题

1. 保持摩擦表面清洁，防止油液污染摩擦表面，造成打滑现象。

2. 避免摩擦传动经常处在过载状态下工作，而造成设备损坏。

3. 应注意传动部分的温度，如果温度过高，及时采取降温措施，防止火灾的发生。

知识总结

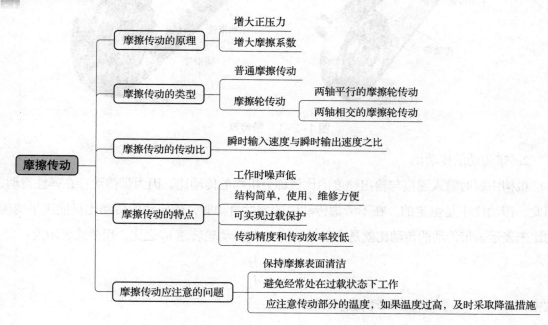

课题二 带传动

学习目标

1. 熟悉带传动的类型、特点和应用场合。
2. 掌握带传动比的计算方法。
3. 掌握同步带及 V 带的具体应用。
4. 熟悉带传动的张紧装置。

相关知识

一、带传动概述

1. 带传动的组成和工作原理

带传动是应用比较广泛的一种机械传动，一般是由主动带轮、从动带轮和张紧在两轮上的传动带所组成，如图 1-2-1 所示。带传动以张紧在至少两个轮上的传动带作为中间挠性件，靠带与带轮接触面间产生的摩擦力（或啮合力）带动从动带轮一起转动，并传递一定的运动和动力。

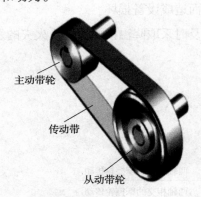

图 1-2-1 带传动

2. 带传动的传动比

机构中瞬时输入速度与输出速度的比值称为机构的传动比。因为带传动存在弹性滑动，因此，传动比不是恒定的。在不考虑传动中的弹性滑动时，带传动的传动比只能用平均传动比来表示。带传动的传动比就是主动轮转速 n_1 与从动轮转速 n_2 之比，用公式表示为：

$$i_{12} = \frac{n_1}{n_2} = \frac{d_2}{d_1}$$

式中　n_1、n_2——主动轮、从动轮的转速，r/min；

d_1、d_2——主动轮、从动轮的直径，mm。

3．带传动的优缺点

（1）优点

1）带有弹性，能够缓冲、吸振，传动平稳，噪声低。

2）过载时能打滑，可以防止其他零件损坏，有保护作用。

3）结构简单，便于加工，装配简单，成本低廉。

4）适用于轴间中心距较大的传动，并能通过增减带的长度来适应不同中心距的要求。

（2）缺点

1）带传动外廓尺寸大，传动效率低，带的寿命较短，传动中对轴的作用力大。

2）当带传动依靠摩擦传递动力时，带和带轮之间存在弹性滑动，不能保证恒定的传动比。

3）带传动不适用于有油污及易燃爆的场合。

二、带传动的类型和应用

带传动主要有摩擦型带传动和啮合型带传动两种。

1．摩擦型带传动

按带的横截面形状，摩擦型带传动可分为平带传动、V带传动和多楔带传动等。

（1）平带传动

如图 1-2-2 所示，平带的横截面为扁平形，其工作面为内表面，平带传动的特点是结构简单、带轮易制造、传递功率小。在汽车上应用很少。

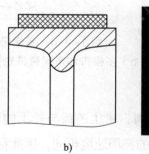
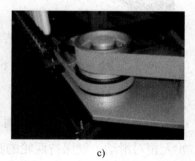

a) b) c)

图 1-2-2 平带传动

a）平带实物图 b）平带和平带带轮剖面图 c）平带传动的应用

（2）V带传动

V带是横截面呈等腰梯形的环形带，传动时以两侧面为工作面，V带与轮槽槽底不接触。V带与平带相比，由于正压力作用在楔形面上，传动时产生的摩擦力比平带大很多，能传递较大的功率，允许较大的传动比，因此在很多机械中已经用V带取代平带传动。如图 1-2-3 所示为汽车上的V带传动。

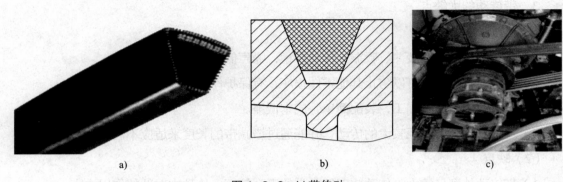

a) b) c)

图 1-2-3 V 带传动

a）V 带实物图　b）V 带和 V 带带轮剖面图　c）V 带传动的应用

（3）多楔带传动

如图 1-2-4 所示，多楔带是若干普通 V 带的组合，综合了平带弯曲应力小和 V 带摩擦力大的优点，传递功率大，可避免多根 V 带长度不等、传力不均的缺点。主要应用在发动机上，它通过发动机曲轴带轮给发电机、水泵、空调压缩机等部件提供动力。

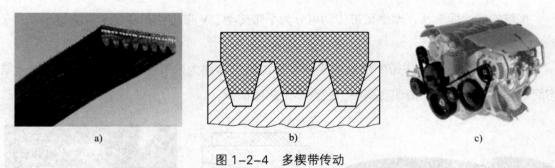

a) b) c)

图 1-2-4 多楔带传动

a）多楔带实物图　b）多楔带和多楔带带轮剖面图　c）多楔带传动的应用

2. 同步带传动

如图 1-2-5 所示，工作时，带上的齿与轮上的齿相互啮合，以传递运动和动力。带与轮无相对滑动，能保持两轮的圆周速度相同，因此称为同步带传动。

同步带传动具有如下优点：

（1）传动比恒定。

（2）拉力小，轴和轴承上的载荷小。

（3）结构紧凑。

（4）带薄而轻，抗拉体强度高，带的厚度小，单位长度质量小，因此允许的线速度较高，同时带的柔性好，所用带轮的直径可以较小；带速可达 40 m/s，传动比可达 10，传递功率可达 100 kW。

（5）传动效率较高，约为 0.98，应用广泛。

同步带的缺点是带及带轮价格较高，制造、安装要求高，发动机的正时传动为同步带传动。

图 1-2-5　同步带传动的结构及应用

三、V 带传动

1. 普通 V 带

（1）V 带的横截面结构

如图 1-2-6 所示，V 带由包布、顶胶、抗拉体、底胶等部分组成，按抗拉体结构可分为帘布芯 V 带和绳芯 V 带两种。帘布芯 V 带制造方便，抗拉强度高；绳芯 V 带柔韧性好，抗弯强度高，适用于转速较高、载荷不大和带轮直径较小的场合。

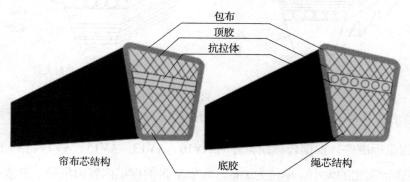

图 1-2-6　V 带的横截面结构

（2）V 带的型号、参数

普通 V 带应用最广，其截面呈楔角为 40° 的梯形。普通 V 带的规格尺寸、性能、测量方法及使用要求等均已标准化，按截面尺寸分为 Y、Z、A、B、C、D、E 七种型号，如图 1-2-7 所示。

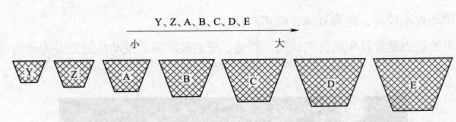

图1-2-7 普通V带型号

（3）V带的表示

普通V带的标记为：截面型号 基准长度 标准编号

标记示例：B 2800 GB/T 11544—2012。

2. 汽车V带

如图1-2-8所示，汽车V带根据其结构分为包边V带和切边V带两种，切边V带又分普通切边V带、底胶夹布切边V带和有齿切边V带三种形式。

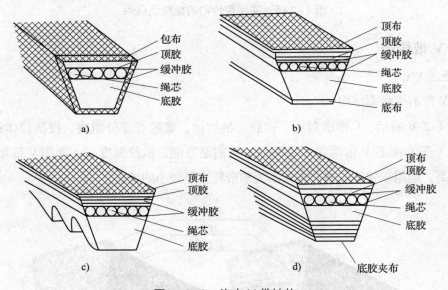

图1-2-8 汽车V带结构

a）包边V带 b）普通切边V带 c）有齿切边V带 d）底胶夹布切边V带

汽车V带是标准件，根据公称顶宽分为AV10、AV13、AV15、AV17、AV22五种型号，AV后的数字表示顶宽的大小，单位为mm。汽车V带的标记内容由型号、有效长度公称值、标准编号三部分组成，例如AV13汽车V带有效长度公称值为1 000 mm，其标记为AV13×1 000 GB/T 12732—2008。

3. 普通 V 带带轮

（1）带轮的材料

带轮的材料多为灰铸铁，牌号一般选用 HT150 或 HT200，也可选用钢或非金属材料（工程塑料）；灰铸铁带轮允许的最大圆周速度为 25 m/s，速度更高时，可采用铸钢或钢板冲压而成。工程塑料带轮的质量轻，摩擦系数大，常用于机床中。

（2）带轮的基本结构

带轮由轮缘、轮毂和轮辐组成，如图 1-2-9 所示。

根据轮辐结构不同，可将带轮分为实心式、腹板式、孔板式、轮辐式四种形式，如图 1-2-10 所示。一般来说，带轮基准直径较小时可采用实心式带轮，带轮基准直径大于 300 mm 时可采用轮辐式带轮。

4. V 带传动参数的选用

V 带传动的类型主要有普通 V 带传动和窄 V 带传动，其中以普通 V 带传动的应用更为广泛。普通 V 带传动参数的选用见表 1-2-1。

图 1-2-9 带轮的基本结构
1—轮缘 2—轮辐 3—轮毂

图 1-2-10 V 带带轮的常用结构
a）实心式 b）腹板式 c）孔板式 d）轮辐式

表 1-2-1 普通 V 带传动参数的选用

参数	说　明	选用原则
带的型号	普通 V 带已经标准化，按横截面尺寸由小到大分为 Y、Z、A、B、C、D、E 七种型号，在相同的条件下，横截面尺寸越大则传递的功率越大	根据传动功率和小带轮转速选取

参数	说　明	选用原则
带轮的基准直径 d_d	基准直径 d_d 是指带轮上与所配用 V 带的节宽 b_p（V 带绕带轮弯曲时，外部受拉伸长，内部受压缩短，长度和宽度均保持不变的面层称为节面，节面的宽度称为节宽。）相对应处的直径，如图 1-2-11 所示 　　带轮基准直径 d_d 是带传动的主要设计计算参数之一，d_d 的数值已标准化，应按国家标准选用标准系列值。在带传动中，带轮基准直径越小，传动时带在带轮上弯曲变形越严重，V 带的弯曲应力越大，将会降低带的使用寿命 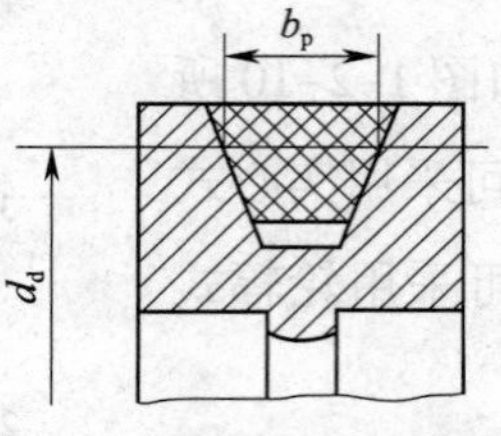 图 1-2-11　V 带带轮的基准直径 d_d	为了延长传动带的使用寿命，对各型号的普通 V 带带轮都规定有最小基准直径 d_{dmin}
V 带传动的平均传动比 i	对于 V 带传动，如果不考虑带与带轮间打滑因素的影响，其传动比计算公式可近似用主、从动轮的基准直径来表示 $$i_{12} = \frac{n_1}{n_2} = \frac{d_{d2}}{d_{d1}}$$ 式中　　d_{d1}——主动轮基准直径，mm； 　　　　d_{d2}——从动轮基准直径，mm； 　　　　n_1——主动轮的转速，r/min； 　　　　n_2——从动轮的转速，r/min	通常，V 带传动的传动比 $i \leqslant 7$，常用 2～7
中心距 a	中心距是两带轮中心连线的长度（图 1-2-12）。两带轮中心距越大，对带传动能力越有利；但中心距越大，又会使整个传动尺寸不够紧凑，在高速时易使带发生振动，反而使带的传动能力下降 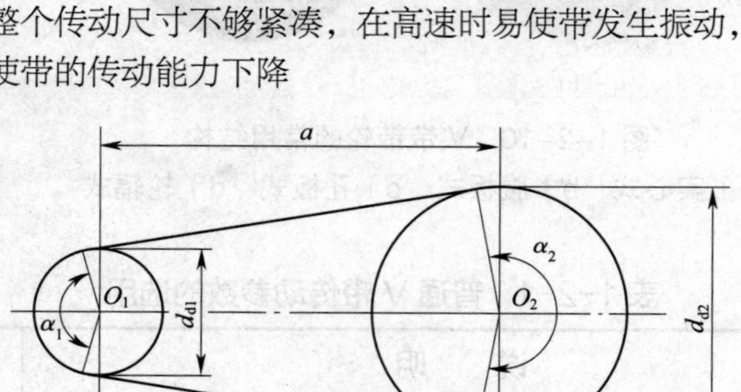 图 1-2-12　带轮的包角 α_1——小带轮包角　α_2——大带轮包角　a——中心距 d_{d1}——小带轮基准直径　d_{d2}——大带轮基准直径	两带轮中心距一般在 0.7～2 倍的（$d_{d1}+d_{d2}$）范围内

续表

参数	说　明	选用原则
小带轮包角 α_1	包角是带与带轮接触弧所对应的圆心角，如图 1-2-12 所示。包角的大小反映了带与带轮轮缘表面间接触弧的长短。两带轮中心距越大，小带轮包角 α_1 也越大，包角越大，带与带轮接触弧越长，带能传递的功率就越大；反之，所能传递的功率就越小 小带轮包角大小的计算公式为： $$\alpha_1 \approx 180° - \left(\frac{d_{d2}-d_{d1}}{a}\right) \times 57.3°$$	为了使带传动可靠，一般要求小带轮的包角 $\alpha_1 \geqslant 120°$
带速 v	带速 v 过快或过慢都不利于带的传动能力。带速太低时，传动尺寸大且不经济；带速太高时，离心力会使带与带轮间的压紧程度减小，传动能力降低	带速一般取 5~25 m/s
V 带的根数 Z	V 带的根数影响到带的传动能力。根数多，传动功率大，因此 V 带传动中所需带的根数应按具体传递功率大小而定，但为了使各根带受力比较均匀，带的根数不宜过多	通常带的根数 Z 应小于 7

四、带传动的张紧与维护

1. 带的张紧装置

传动带具有一定的弹性，工作一段时间后会产生塑性变形，使传动带张紧力减小，导致带松弛，产生打滑现象，因此，需重新张紧带。常见的带的张紧装置有调整中心距张紧装置和张紧轮张紧装置（自动张紧装置、手动张紧装置）两种。

（1）调整中心距张紧装置

通过调整带传动的中心距来张紧带。调整时，用调节螺钉调整两轮轴线间的距离，主要适用于水平或近似水平布置的带传动，如图 1-2-13 所示。

（2）张紧轮张紧装置

1）自动张紧装置。利用液压张紧器实现自动张紧，如图 1-2-14 所示。

2）手动张紧装置。通过调节压在带松边的张紧轮，达到张紧目的。带传动用张紧轮张紧时，张紧轮一般安装在带松边外侧，尽量靠近小带轮，以增大小带轮包角，如图 1-2-15 所示。

图 1-2-13　调整中心距张紧装置

图 1-2-14　自动张紧装置

2. 带传动的使用与维护

为了保证带传动能正常运转，并延长其使用寿命，必须正确使用和维护。

（1）安装传动带前应减小两轮中心距，然后再进行调紧，不得强行撬入。

（2）传动带不宜与酸、碱、矿物油等介质接触，也不宜在阳光下暴晒，以防带迅速老化变质，降低带的使用寿命。

手动张紧轮

图 1-2-15　手动张紧装置

（3）定期检查传动带。如多根 V 带的传动，有一根损坏应全部换新带，不能新旧带混合使用，否则会引起受力不均而加速新带的损坏。

（4）为了保证安全生产，带传动要安装防护罩。

3. 带传动的失效

带传动的失效形式主要有带在带轮上打滑，不能传递动力；带的工作面受到磨损；由于疲劳导致带产生脱层、撕裂和拉断等，如图 1-2-16 所示。

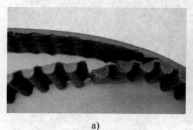

a)　　　　　　　　　　b)　　　　　　　　　　c)

图 1-2-16　带传动的失效形式
a）脱层　b）撕裂　c）拉断

4. 带的检查、更换、张紧

（1）V 带的检查、更换、张紧

如 V 带发生磨损、裂纹、脱层、松散、断裂时，应及时进行更换。更换后的带松紧度应符合技术标准，过松易造成带的打滑，过紧易造成带的断裂、轴承的损坏，V 带的张紧程度以大拇指（或 39 N 的力）能按下 10～15 mm 为合适。否则，须通过调整装置进行调整，如图 1-2-17 所示。

（2）同步带的检查、更换、张紧

同步带主要用于汽车发动机的正时传动，为保证传动的准确性，一般当汽车行驶 20 000 km 时必须更换（每种车型要求的更换里程不同）。更换时，先拆下正时同步带护罩，拆下旧同步带，对正标记安装新同步带，如图 1-2-18 所示。

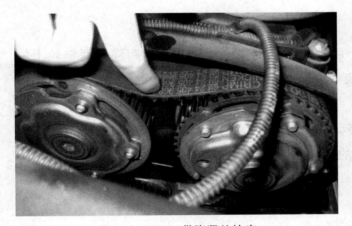

图 1-2-17　V 带张紧的检查

图 1-2-18　同步带的检查与更换

⚡ 知识总结

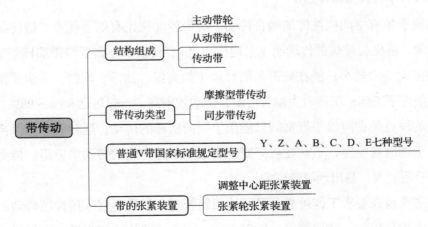

课题 三 链 传 动

学习目标

1. 了解传动链的类型及应用。
2. 了解链传动的工作原理、特点及应用。
3. 掌握传动链和链轮的结构。
4. 了解链传动的张紧与润滑方式。

相关知识

一、链传动的工作原理

链传动是由装在平行轴（前、后轮轴）上的主、从动链轮和跨绕在两链轮上的环形链条组成的。链条作为中间挠性件，靠链节与链轮轮齿的啮合来传递运动和动力。

主动链轮每转过一个齿，链条移动一个链节，从动链轮被链条带动也转过一个齿。因此，链传动的传动比是主、从动链轮的转速之比，与链轮的齿数成反比，即

$$i = \frac{n_1}{n_2} = \frac{z_2}{z_1}$$

式中　n_1、n_2——主动链轮、从动链轮的转速，r/min；

　　　z_1、z_2——主动链轮、从动链轮的齿数。

二、链传动的特点及应用

链传动属于带有中间挠性件的啮合传动。与带传动相比有如下优点：链传动无弹性滑动和打滑现象，能保持准确的传动比（平均传动比）；传动链不需要像带那样张紧，因此作用于轴上的径向压力较小；能在较恶劣的环境（如高温、油污、泥沙、多尘、淋水、易燃及易腐蚀）条件下工作；工作时为啮合传动，传动效率高，一般可达95%～98%。

链传动的缺点是在两根平行轴间只能用于同向回转的传动；运转时不能保持恒定的瞬时传动比，工作时有噪声，不宜在载荷变化很大和急速转向的传动中应用；传动链的铰链磨损后，使节距增大，易出现脱链现象。

链传动主要用在要求工作可靠，且两轴相距较远，以及不宜采用齿轮传动的场合。如在摩托车上应用链传动，结构简单，使用方便、可靠。链传动还应用于重型机械和极为恶劣的工作条件下，如农业、矿山、起重运输、石油等场合中都广泛地应用着链传动。

三、传动链的类型

按用途不同，链可分为传动链、曳引起重链、输送链，如图1-3-1所示。曳引起重链和输送链主要用在起重机械和运输机械中，在一般机械传动中，常用的是传动链。传动链又分滚子链和齿形链等类型，其中滚子链应用最广，一般所说的链传动多指滚子链传动。

链传动传递的功率一般在100 kW以下，链速一般不超过15 m/s，推荐使用的最大传动比 $i_{max}=8$。

a)   b)   c)

图1-3-1　常见传动链
a）传动链　b）曳引起重链　c）输送链

四、传动链与链轮的结构

常用的传动链主要有滚子链和齿形链两种，如图1-3-2所示。

a)   b)

图1-3-2　传动链
a）滚子链　b）齿形链

1. 滚子链

滚子链的结构如图1-3-3所示，它由滚子、套筒、销轴、内链板和外链板所组成。内链板与套筒之间、外链板与销轴之间分别用过盈配合连接。滚子与套筒之间、套筒与销轴之间均为间隙配合。滚子空套在套筒上，工作时，滚子沿链轮齿廓滚动，这样可减轻齿廓的磨损。链的磨损主要发生在销轴与套筒的接触面上。因此，内、外链板间应留少许间隙，以便润滑油渗入销轴和套筒的摩擦面间。

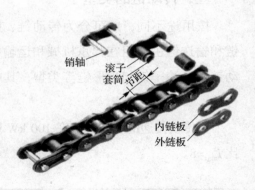

图1-3-3　滚子链的结构

链板一般制成8字形，以使它的各个横截面具有接近相等的抗拉强度，同时也减小了链的质量和运动的惯性力。

当传递大功率时，可采用双排链或多排链（图1-3-4）。多排链的承载能力与排数成正比。由于精度的影响，各排的载荷不易均匀，因此排数不宜过多。

图1-3-4　双排滚子链或多排滚子链

滚子链的接头形式如图1-3-5所示。当链节数为偶数时，接头处可用弹簧卡子（图1-3-5a）或开口销（图1-3-5b）来固定，一般前者用于小节距，后者用于大节距；当链节数为奇数时，需采用图1-3-5c所示的过渡链板。

由于过渡链板要受附加弯矩的作用，在一般情况下最好不用奇数链节的闭合链。

2. 齿形链

如图1-3-6所示为摩托车中使用的齿形链，由齿形链板、导板和销轴组成。齿形链传动是利用特定齿形的链板与链轮相啮合来实现传动的。

a)　　　　　　　　　　b)　　　　　　　　　　c)

图 1-3-5　滚子链的接头形式
a）弹簧卡子固定　b）开口销固定　c）过渡链板

图 1-3-6　齿形链的结构
1—齿形链板　2—导板　3—销轴

与滚子链相比，齿形链的 V 形齿啮合比滚子链的啮合更顺畅，因此，齿形链具有工作平稳、噪声较小、允许链速较高、承受冲击的性能好和轮齿传动力较均匀等优点；但结构复杂、装拆困难、价格较高、质量较大、易断损，并且对安装和维护的要求也较高。

3. 链轮的结构

链轮是链传动的重要零件，链轮齿形已经标准化。链轮的齿形应保证链节能平稳而自由地进入和退出啮合，并便于加工。

链轮的外形结构与链轮的直径有关，如图 1-3-7 所示。小直径一般制成实心式；中等直径可制成孔板式；大直径的链轮常采用螺栓连接的组合形式或焊接结构。

图 1-3-7　链轮

五、链传动的张紧与润滑

1. 链传动的张紧

链传动张紧的目的主要是为了避免链条垂度过大时产生啮合不良和链条的振动现象，同时也为了增加链条与链轮的啮合包角。当两轮轴心连线倾斜角大于 60° 时，通常设有张紧装置。张紧方法主要有：

（1）增大两轮中心距，如自行车链条的张紧。

（2）采用张紧装置。图 1-3-8 所示为常见的张紧装置，张紧轮直径稍小于小链轮直径，并置于松边靠近小链轮处。

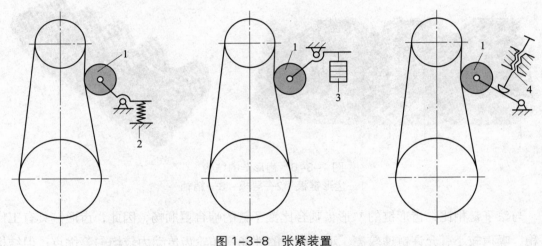

图 1-3-8　张紧装置

1—张紧轮　2—弹簧张紧　3—重力张紧　4—调节螺栓张紧

2. 链传动的润滑

润滑在链传动中非常重要，对链传动的影响很大，特别是在高速、大功率的情况下，由于销轴、套筒、滚子摩擦面之间润滑油不易进入，摩擦产生的热量不易散出，因此容易出现严重的摩擦、磨损或胶合。良好的润滑有利于减少磨损、降低摩擦损失、缓和冲击、延长链条的使用寿命和提高传动能力。在使用中应充分注意润滑剂和润滑方式的选择，环境温度高或载荷大时宜取黏度高的润滑油，反之，宜取黏度低的润滑油。

知识总结

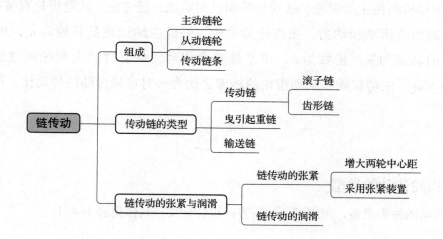

课题四 齿轮传动

学习目标

1. 了解齿轮传动的常用类型及其应用特点。

2. 熟悉渐开线直齿圆柱齿轮及其啮合特性。

3. 掌握渐开线直齿圆柱齿轮的主要参数。

4. 熟悉齿轮的失效形式及预防措施。

5. 简单了解斜齿圆柱齿轮传动、直齿锥齿轮传动、齿轮齿条传动。

相关知识

一、齿轮传动的特点

与其他传动相比，齿轮传动具有以下优点：

1. 能保持瞬时传动比（两轮瞬时角速度之比）恒定，传动平稳、可靠。

2. 传动效率高，一般在 95% 以上。

3. 可以传递空间任意两轴间的运动，使用寿命长，一般可达 10～20 年。

4. 适应性广，其传递功率可以从很小至几十万千瓦，传递圆周速度可达 300 m/s 以上，直径可达 25 m 以上。

5. 结构紧凑，工作可靠。

齿轮传动的缺点是不适宜用于远距离两轴间的传动；制造安装精度要求较高，因此成本较高。

二、齿轮传动的传动比

齿轮传动机构由主动齿轮、从动齿轮和机架组成，通过主、从动齿轮直接啮合，传递任意两轴间的运动和动力。在齿轮传动中，假设主动齿轮的转速为 n_1，齿数为 z_1，从动齿轮的转速为 n_2，齿数为 z_2。由于是啮合传动，单位时间内两轮转过的齿数相等，即 $z_1 n_1 = z_2 n_2$。主动齿轮和从动齿轮的转速之比为一对齿轮传动的传动比，用 i 表示，即

$$i = \frac{n_1}{n_2} = \frac{z_2}{z_1}$$

三、齿轮传动的类型

齿轮传动的种类很多，可以按不同的方法进行分类，具体见表 1-4-1。

表 1-4-1　齿轮传动的常用类型及其应用

分类方法		类型	图例	应用
两轴平行	按轮齿方向	直齿圆柱齿轮传动		适用于圆周速度较低的传动，如变速器的换挡齿轮
		斜齿圆柱齿轮传动		适用于圆周速度较高、载荷较大且要求结构紧凑的场合
		人字齿圆柱齿轮传动		适用于载荷大且要求传动平稳的场合

分类方法		类型	图例	应用
两轴平行	按啮合情况	外啮合齿轮传动		适用于圆周速度较低的传动,如变速器的换挡齿轮
		内啮合齿轮传动		适用于结构要求紧凑且效率较高的场合
		齿轮齿条传动		适用于将连续转动变换为往复移动的场合
两轴不平行	相交轴齿轮传动	锥齿轮传动		适用于圆周速度较低、载荷小且稳定的场合
				适用于承载能力大、传动平稳、噪声小的场合

续表

分类方法	类型	图例	应用
两轴不平行	交错轴齿轮传动	交错轴斜齿轮传动	适用于圆周速度较低、载荷小的场合
		蜗轮蜗杆传动	适用于传动比较大，且要求结构紧凑的场合

此外，按齿轮传动的工作条件不同又可分为闭式齿轮传动和开式齿轮传动。汽车的变速器、驱动桥等齿轮传动，都是装在经过精确加工且封闭严密的箱体内，属于闭式齿轮传动，齿轮部分浸在油池中，润滑、密封好，工作可靠性强。开式齿轮传动多用于大型工程机械传动。

四、渐开线直齿圆柱齿轮及其传动

当直线 NK 沿一圆做纯滚动时，直线上任意一点 A 的轨迹 AK 称为该圆的渐开线，这个圆称为渐开线的基圆，直线 NK 称为渐开线的发生线，如图 1-4-1 所示。

以渐开线作为齿廓曲线的齿轮称为渐开线齿轮。渐开线齿轮的每对啮合齿廓在任何一点啮合时，都能保持两齿轮的传动比恒定，使齿轮传动平稳、可靠。绝大多数齿轮采用渐开线齿廓。

1. 渐开线直齿圆柱齿轮各部分的名称

汽车上使用的直齿圆柱齿轮大都是渐开线直齿圆柱齿轮，其齿廓采用渐开线齿廓，轴向齿面始终与齿轮轴线平行，如图 1-4-2 所示，其各部分的名称见表 1-4-2。

2. 渐开线直齿圆柱齿轮的基本参数

（1）压力角 α

渐开线齿廓上任意点的法线与该点的速度方向所夹的锐角 α 称为该点的压力角，如图 1-4-3 所示。

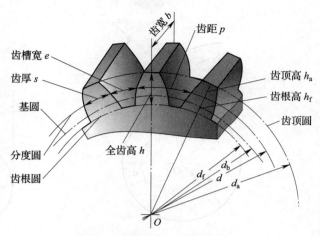

图 1-4-1 渐开线的形成　　　　　　　图 1-4-2 齿轮各部分的名称

表 1-4-2 渐开线直齿圆柱齿轮各部分的名称

名称	定义
齿顶圆 d_a	各轮齿顶部所连成的圆称为齿顶圆，其直径用 d_a 表示
齿根圆 d_f	各齿槽底部所连成的圆称为齿根圆，其直径用 d_f 表示
分度圆 d	齿轮上的假想曲面，标准齿轮在该圆上的轮齿齿厚和齿槽宽相等，其直径用 d 表示
齿距 p	在齿轮任意直径的圆周上，相邻两齿同侧齿廓间的弧长称为该圆上的齿距
齿厚 s	在齿轮任意直径的圆周上，同一轮齿两侧齿廓间的弧长称为该圆上的齿厚
齿槽宽 e	在齿槽两侧齿廓间的弧长称为该圆周上的齿槽宽，$p=s+e$
齿顶高 h_a	介于齿顶圆与分度圆之间的部分称为齿顶，其径向距离称为齿顶高
齿根高 h_f	介于齿根圆与分度圆之间的部分称为齿根，其径向距离称为齿根高
顶隙 c	在齿顶圆与齿槽底部之间留有一定间隙称为顶隙，用以储存润滑油，避免两齿轮啮合传动时一个齿轮的齿顶与另一个齿轮的齿槽相抵触
全齿高 h	齿顶圆与齿根圆之间的径向距离称为全齿高
基圆 d_b	齿轮上形成渐开线的圆称为基圆
基圆齿距 p_b	在渐开线圆柱齿轮的端面，相邻的两个同侧齿廓的渐开线间的基圆弧长称为基圆齿距
齿宽 b	齿轮的有齿部位沿分度圆柱面的母线方向度量的宽度
中心距 a	两相互啮合的齿轮两轴线之间的最短距离称为中心距

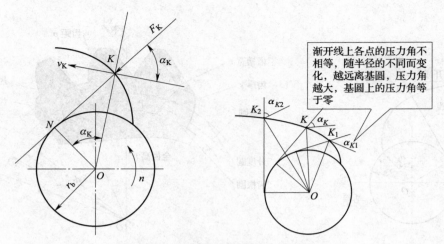

渐开线上各点的压力角不相等，随半径的不同而变化，越远离基圆，压力角越大，基圆上的压力角等于零

图 1-4-3　渐开线齿廓压力角

对于渐开线齿轮，压力角是指齿轮分度圆上端面压力角。渐开线圆柱齿轮的基准齿形是指基准齿条的法面齿形，图 1-4-4 所示为基准齿形，其法向压力角 α 为 20°。

在分度圆大小不变的条件下，压力角小于20° 时，齿形传动比较省力，但齿根部变薄，齿轮承载能力下降；压力角大于20° 时，轮齿根部变厚，承载能力增大，但齿形传动比较费力。国家标准规定，分度圆上的压力角 $\alpha=20°$，压力角对齿形的影响如图 1-4-5 所示。

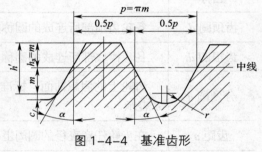

图 1-4-4　基准齿形

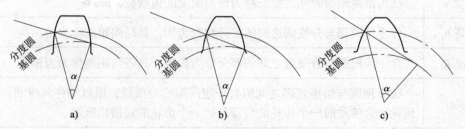

图 1-4-5　压力角对齿形的影响
a）$\alpha<20°$　b）$\alpha=20°$　c）$\alpha>20°$

（2）齿数 z

在齿轮整个圆周上，均匀分布的轮齿总数，称为齿轮的齿数，用 z 表示。当模数一定时，齿数越多，齿轮的几何尺寸越大，齿轮轮齿渐开线的曲率半径也越大，齿廓曲线越趋于平直。

（3）模数 m

设分度圆上的齿距为 p，齿轮的齿数为 z，则分度圆的周长为 $\pi d=zp$，因此分度圆的直

径 $d=zp/\pi$ 。

为使计算和测量方便，分度圆直径应为有理数。由上式可知，如果取齿距 p 为 π 的有理数倍数，分度圆直径 d 就为有理数，这里以模数（m）表示这个倍数，即 $m=\dfrac{p}{\pi}$ ，单位是 mm。

模数的大小反映了齿距的大小，也反映了轮齿的大小。齿数一定，模数越大，齿轮的几何尺寸越大，齿轮的强度也就越大，如图 1-4-6 和图 1-4-7 所示。

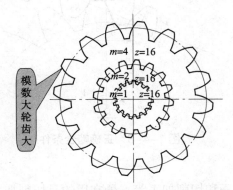

图 1-4-6 齿数相同模数不同的齿轮

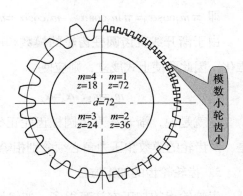

图 1-4-7 分度圆直径相同模数不同的齿轮

为了便于齿轮的设计和制造，模数已经标准化，国家标准规定的标准模数值见表 1-4-3。在轿车和轻型汽车上，传递的载荷不大，变速器齿轮模数小；中、大型载重汽车传动齿轮的模数就取得大些。

表 1-4-3 标准模数系列表（GB/T 1357—2008）

第 I 系列	1	1.25	1.5	2	2.5	3	4	5	6
	8	10	12	16	20	25	32	40	50
第 II 系列	1.125	1.375	1.75	2.25	2.75	3.5	4.5	5.5	（6.5）
	7	9	11	14	18	22	28	36	45

注：优先采用第 I 系列的模数。应尽量避免采用第 II 系列中的模数 6.5。

3. 直齿圆柱内齿轮

当要求齿轮两传动轴平行、回转方向相同且结构紧凑时，可采用内齿轮传动。

与外齿轮相比，内齿轮有以下特点：

（1）齿厚相当于外齿轮的齿槽宽，齿槽宽相当于外齿轮的齿厚。

（2）内齿轮的齿顶圆在分度圆之内，齿根圆在分度圆之外，即齿根圆比齿顶圆大。

（3）齿轮的齿顶齿廓均为渐开线时，其齿顶圆必须大于基圆。

4. 渐开线直齿圆柱齿轮的啮合条件

一对渐开线直齿圆柱齿轮应具备一定的啮合条件才能进行传动。

如图1-4-8所示，要使一对渐开线直齿圆柱齿轮能正确啮合的条件是：

$$p_{b1}=p_{b2}$$

即 $\pi m_1\cos\alpha_1=\pi m_2\cos\alpha_2$，$m_1\cos\alpha_1=m_2\cos\alpha_2$

由于渐开线直齿圆柱齿轮的模数和压力角都已标准化，因此要使上式成立，则应使：

$$m_1=m_2，\alpha_1=\alpha_2$$

这就是说，渐开线直齿圆柱齿轮正确啮合的条件是：两齿轮的模数和压力角必须分别相等。

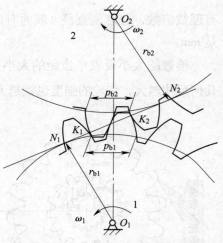

图1-4-8 正确啮合条件

5. 齿轮轮齿的加工方法

齿轮轮齿的加工方法有很多，如铸造、热轧、冲压和切削加工等，最常用的是切削加工。切削加工按齿形形成的原理不同，可分为仿形法和展成法。

（1）仿形法

仿形法又称成形法。仿形法加工齿轮是利用与齿间的齿廓曲线相同的成形刀具在铣床上直接切出轮齿的齿形。

用仿形法加工齿轮，加工出来的齿廓曲线大多是近似的，因此精度低。加工时是逐齿切削，且不连续，生产效率低，一般用于单件、小批量生产。

（2）展成法

展成法是利用一对齿轮的啮合原理进行轮齿加工的方法，也称范成法，是齿轮加工中最常用的一种方法，常见的有插齿、滚齿和磨齿等。

用展成法加工齿轮时，只要刀具和被加工齿轮的模数 m 及压力角相同，不论被加工齿轮的齿数是多少，都可以用同一把刀具来加工，加工效率高，在成批、大量生产中广泛采用。

五、其他类型齿轮传动

1. 斜齿圆柱齿轮传动

（1）斜齿圆柱齿轮齿廓的形成

斜齿圆柱齿轮简称为斜齿轮，其齿廓的形成原理与直齿圆柱齿轮相似。渐开线齿廓沿整个齿宽是一渐开面，该渐开面可以看作是与基圆柱轴线平行的直线段 $\overline{KK}$ 运动的轨迹（图1-4-9）。对于斜齿轮而言，所不同的是形成渐开线曲面的直线 $\overline{KK}$ 不再与基圆柱的轴线平行，而是与轴线方向倾斜了一个角度 β_b。这样，当发生面绕基圆柱做纯滚动时，直线上任一点的轨迹都是一条渐开线，而整条直线则展出一螺旋渐开面，此为斜齿圆柱齿轮的齿廓曲面。β_b 称为基圆柱上的螺旋角，其值越大，轮齿偏斜也越厉害。

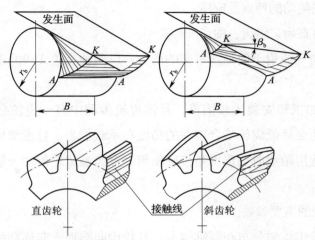

图 1-4-9 直齿、斜齿圆柱齿轮齿廓的形成及啮合接触线

一对斜齿轮啮合传动时，齿面上的接触线为始终与轴线方向成 β_b 角的斜线，且长度也是变化的。在开始啮合到脱离啮合的整个过程中，接触的长度先由短变长，然后又由长变短，直至脱离啮合。轮齿上所受的载荷也是由小变大，又由大变小的。

（2）斜齿圆柱齿轮相对于直齿圆柱齿轮的传动特点

1）斜齿轮的轮齿是螺旋形的，齿轮同时啮合的齿数较多，重合度较大。因此，传动平稳，承载能力强，可用于高速、大功率的传动。斜齿轮磨损均匀，使用寿命长。

2）斜齿轮承载时会产生附加轴向力，且螺旋角越大，轴向力也越大。

（3）标准斜齿圆柱齿轮的主要参数和尺寸

斜齿轮在垂直于轮齿方向的法面上，其齿形与端面齿形是不同的，因此斜齿轮有法面参数和端面参数，分别用下标 n、t 区别。由于斜齿轮通常是用滚刀或盘状齿轮铣刀加工的，切削时是沿螺旋线方向进刀，所以斜齿轮的法面模数和压力角与刀具相同，即为标准值。在计算斜齿轮的几何尺寸时，绝大部分的尺寸均需按端面参数进行计算。

（4）斜齿轮的正确啮合条件

要使一对斜齿轮能正确啮合，除必须保证模数和压力角相等外，还需考虑螺旋角相匹配的问题。斜齿轮的正确啮合条件是：

1）两斜齿轮的法面模数 m_n 及法面压力角 α_n 应分别相等，即

$$m_{n1}=m_{n2}, \quad \alpha_{n1}=\alpha_{n2}$$

2）对于外啮合的斜齿轮，两齿轮的螺旋角应大小相等，方向相反。即

$$\beta_1 = -\beta_2$$

也就是说两个齿轮一个为左旋齿轮，另一个为右旋齿轮。

2. 直齿锥齿轮传动

（1）直齿锥齿轮传动的特点及应用

锥齿轮的轮齿有直齿、斜齿、曲齿三种类型。

直齿锥齿轮传动一般用于两轴线相交的场合，以两轴交角 $\Sigma = 90°$ 的情况用得最多，如图 1-4-10 所示。

直齿锥齿轮的加工和安装比较困难，且锥齿轮传动中有一齿轮必须悬臂安装，这不仅使支撑复杂化，还会降低齿轮啮合传动的精度和承载能力。直齿锥齿轮啮合传动时产生径向力和轴向力，选用轴承时要选用角接触轴承。直齿锥齿轮传动一般用于轻载、低速的场合。

（2）直齿锥齿轮的主要参数

直齿锥齿轮的轮齿均匀分布在圆锥体上，且轮齿向锥顶方向逐渐缩小。这样，每个轮齿两端的大小不一样，大端尺寸最大，越靠近锥顶尺寸越小。

为了测量和计算方便，通常取大端模数 m 作为标准模数，大端的压力角 α 作为标准压力角。

（3）直齿锥齿轮的传动比

两啮合的标准直齿锥齿轮如图 1-4-11 所示，δ_1、δ_2 分别为两轮的分度圆锥角；d_1、d_2 分别为两轮的分度圆直径。当两分度圆锥做纯滚动传动时，其传动比为：

$$i = \frac{n_1}{n_2} = \frac{z_2}{z_1} = \frac{r_2}{r_1} = \cot\delta_1 = \tan\delta_2$$

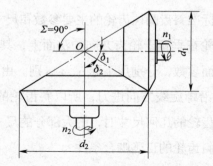

图 1-4-10　直齿锥齿轮传动　　　　图 1-4-11　直齿锥齿轮传动的几何关系

（4）一对直齿锥齿轮传动的正确啮合条件

直齿锥齿轮是以大端参数为标准，其传动的正确啮合条件是：两齿轮的大端模数和大端压力角必须分别相等。即

$$m_1 = m_2, \quad \alpha_1 = \alpha_2$$

3. 齿轮齿条传动

（1）齿条的特点

齿条可视为模数一定，齿数 z 趋于无穷大的圆柱齿轮。当一个模数不变的圆柱齿轮齿数无限增加时，其分度圆、齿顶圆、齿根圆成为互相平行的直线，分别称为分度线、齿顶线、齿根线。与齿轮相比，齿条具有以下特点：

1）齿条的齿廓是直线，齿廓上各点的法线是互相平行的。传动时，齿条做直线运动，齿廓上各点的速度大小及方向均一致。齿廓上各点的压力角均为标准值（$\alpha=20°$），且等于齿廓直线的倾斜角。

2）齿条上各齿的同侧齿廓是平行的，无论在分度线、齿顶线上，还是在与分度线平行的其他直线上，齿距均相等，即

$$p=\pi m$$

齿条各部分的尺寸计算可按外啮合圆柱齿轮的有关计算公式进行。

（2）齿轮齿条传动的特点及计算

齿轮齿条传动如图 1-4-12 所示，该传动的主要目的是将齿轮的回转运动变为齿条的往复直线运动，或将齿条的往复直线运动变为齿轮的回转运动。

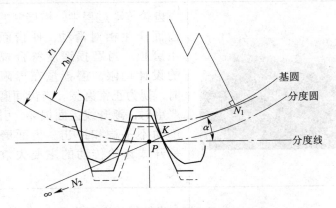

图 1-4-12 齿轮齿条传动

齿条的移动速度可用下式计算：

$$v=n_1 \pi d_1=n_1 \pi m z_1$$

式中　v——齿条的移动速度，mm/min；

　　　d_1——齿轮分度圆直径，mm；

　　　n_1——齿轮的转速，r/min；

　　　m——齿轮的模数，mm；

　　　z_1——齿轮的齿数。

齿轮每回转一转时，齿条的移动距离 $L=\pi d_1=\pi m z_1$。

六、齿轮的失效形式

齿轮传动过程中，若轮齿发生折断、齿面损坏等现象，齿轮失去正常的工作能力，称为失效。齿轮传动的失效主要是轮齿的失效。常见的失效形式有齿面点蚀、齿面磨损、齿面胶合、塑性变形和轮齿折断等，见表1-4-4。

表1-4-4　齿轮的失效形式

失效形式	图示	产生原因	避免方法
齿面点蚀		由于弹性变形，齿轮传动时实际是很小的面接触，表面会产生很大的接触应力。接触应力按一定的规律变化，当变化次数超过某一限度时，轮齿表面会产生细微的疲劳裂纹，裂纹逐渐扩展，使表层上小块金属脱落，形成麻点和斑坑。发生点蚀后，轮齿工作面被损坏，造成传动不平稳还会产生噪声	应选择合适的材料及齿面硬度，减小表面粗糙度值，选用黏度高的润滑油并加入适当的添加剂
齿面磨损		齿轮传动过程中，相接触的两齿面产生相对滑动，使齿面发生磨损。当磨损速度符合规定的设计期限，磨损量在界限内时，视为正常磨损。当齿面磨损严重时，渐开线齿面损坏，引起传动不平稳和冲击。齿面磨损是开式齿轮传动的主要失效形式	提高齿面硬度，减小表面粗糙度值，采用合适的齿轮材料，改善润滑条件和工作条件（如采用闭式传动）等
齿面胶合		齿轮轮齿在很大压力下，齿面上的润滑油被挤走，两齿面金属直接接触，产生局部高温，致使两齿面发生粘连。随着齿面的相对滑动，较软轮齿的表面金属会被熔焊在另一轮齿的齿面上，形成沟痕，这种现象称为齿面胶合。发生胶合后，会在齿面上引起强烈的磨损和发热，使齿轮失效。高速和低速重载的齿轮传动容易发生齿面胶合	选用特殊的高黏度润滑油或在油中加入抗胶合的添加剂；选用不同的材料使两齿轮不易粘连；提高齿面硬度，降低齿面表面粗糙度，改进冷却条件等

续表

失效形式	图示	产生原因	避免方法
塑性变形		齿轮齿面较软时，重载情况下可能使表层金属沿着相对滑动方向发生局部的塑性流动，出现塑性变形。塑性变形后，主动齿轮沿着节线形成凹沟，而从动齿轮沿着节线形成凸棱。若整个轮齿发生永久性塑性变形，则齿轮丧失传动能力	提高齿面硬度，采用黏度大的润滑油，尽量避免频繁启动和过载
轮齿折断		轮齿在传递动力时，齿根处受力最大，容易发生轮齿折断。 轮齿折断的原因有两种：一种是受到严重冲击、短期过载而突然折断；另一种是轮齿长期工作后经过多次反复的弯曲，使齿根发生疲劳折断。轮齿折断是开式齿轮传动和硬齿面闭式齿轮传动的主要失效形式之一	选择适当的模数和齿宽；采用合适的材料及热处理方法；齿根圆角不宜过小；应有一定要求的表面粗糙度；齿根危险截面处的弯曲应力最大值不超过许用应力值

提高轮齿对上述几种损伤的抵抗能力，除上面所说的方法外，还有提高齿面质量，适当选配主、从动齿轮的材料及硬度，以及选用合适的润滑剂及润滑方法等。

七、齿轮传动的润滑

齿轮传动时，相啮合的齿面间有相对滑动，发生摩擦和磨损，增加动力消耗，降低传动效率，特别是高速传动，就更需要考虑齿轮的润滑。

轮齿啮合面间加注润滑剂可以避免金属直接接触，减少摩擦损失，还可以散热及防锈蚀。因此，对齿轮传动进行适当的润滑，可以改善轮齿的工作状况，确保运转正常及达到预期的使用寿命。

开式及半开式齿轮传动，或速度较低的闭式齿轮传动，通常人工做周期性加油润滑，所用润滑剂为润滑油或润滑脂。

闭式齿轮传动的润滑方法是根据齿轮的圆周速度大小而定。当齿轮的圆周速度 $v<12$ m/s 时，常将大齿轮的轮齿浸入油池中进行浸油润滑，齿轮在传动时，就把润滑油带到啮合的齿面上，同时也将油甩到箱壁上，借以散热。齿轮浸入油中的深度可视齿轮的圆周速度大小而

定，对圆柱齿轮通常不宜超过一个齿高，但一般不应小于 10 mm；对锥齿轮应浸入全齿宽。在多级齿轮传动中，可通过油轮将油带到未浸入油池内的齿轮的齿面上。油池中的油量多少，取决于齿轮传递功率的大小。对单级传动，每传递 1 kW 的功率，需油量为 0.35～0.7 L；对于多级传动，需油量按级数成倍增加。

当齿轮的圆周速度 $v \geq 12$ m/s 时，应采用喷油润滑，即由油泵或中心供油站以一定的压力供油，用喷油嘴将润滑油喷到轮齿的啮合面上。当 $v \leq 25$ m/s 时，喷油嘴位于轮齿啮入边或啮出边均可；当 $v > 25$ m/s 时，喷油嘴应位于轮齿啮出的一边，使润滑油及时冷却刚啮合过的轮齿，同时对轮齿进行润滑。

知识总结

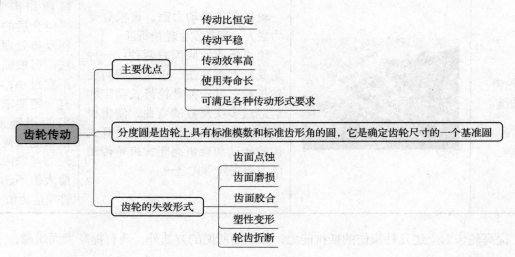

课题五 螺 旋 传 动

学习目标

1. 掌握螺旋传动的类型、特点及应用。
2. 掌握滑动螺旋传动的类型和传动形式。
3. 了解滚动螺旋传动的类型、工作原理、特点及应用。

相关知识

一、螺旋传动的类型、特点及应用

螺旋传动是利用螺杆和螺母组成的螺旋副来实现传动要求的，它主要用于将回转运动转变为直线运动，同时传递运动和动力。

螺旋传动的优点是结构简单、工作连续平稳、传动比大、承载能力强、传递动力准确、易于自锁，缺点是摩擦阻力大、传动效率低。

螺旋传动按其螺旋副的摩擦性质不同，可分为滑动螺旋（半干摩擦）、滚动螺旋（滚动摩擦）和静压螺旋（液体摩擦）。滑动螺旋结构简单，便于制造，易于自锁；但其主要缺点是摩擦阻力大，传动效率低（一般为 30%～40%），磨损快，传动精度低等。滚动螺旋和静压螺旋的摩擦阻力小，传动效率高（一般为 90% 以上），但结构复杂，特别是静压螺旋还需要供油系统。因此，只有在高精度、高效率的重要传动中才采用螺旋传动，如精密机床、测试装置或自动控制系统中等。

二、螺旋传动机构的组成及特点

螺旋传动机构由螺杆、螺母及机架组成，如图 1-5-1 所示。

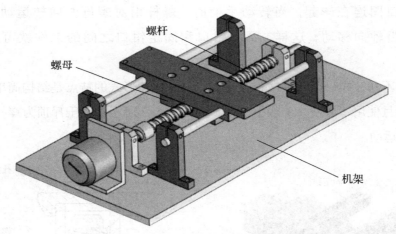

图 1-5-1　螺旋传动机构

三、滑动螺旋传动

滑动螺旋传动过程中，螺杆与螺母之间产生滑动摩擦。滑动螺旋机构所用的螺纹为传动性能好且效率高的矩形、梯形或锯齿形螺纹。

1. 滑动螺旋传动的类型

滑动螺旋传动按其用途不同，可分为以下三种类型。

（1）传力螺旋

传力螺旋以传递动力为主，要求以较小的转矩产生较大的轴向推力，用以克服工作阻力，如各种起重或加压装置的螺旋。传力螺旋要承受很大的轴向力，一般为间歇性工作，每次的工作时间较短，工作速度也不高，而且通常需有自锁能力。

（2）传导螺旋

传导螺旋以传递运动为主，有时也承受较大的轴向载荷，如机床进给机构的螺旋等。传导螺旋主要用于较长时间的连续工作，工作速度较高，因此，要求具有较高的传动精度。

（3）调整螺旋

调整螺旋用以调整、固定零件的相对位置，如机床、仪器及测试装置中的微调机构的螺旋。调整螺旋不经常转动，一般在空载下调整。

2. 滑动螺旋机构的传动形式

滑动螺旋机构中螺杆和螺母的相对运动有以下四种形式。

（1）螺母不动，螺杆旋转并做轴向移动。这种传动形式的特点是螺母本身代替轴承起支撑作用，既简化了结构，又消除了由螺杆轴承可能产生的轴向窜动，有利于提高传动精度。如图1-5-2所示台虎钳的螺旋机构，螺杆上装有活动钳口，螺母与固定钳口固连在一起，当转动手柄时，螺杆相对螺母做回转运动，并带动活动钳口一起沿轴向移动。这样，活动钳口和固定钳口之间的工件就可以被夹紧或松开。

（2）螺杆不动，螺母回转并做直线运动。这种传动形式的特点是结构简单、紧凑，但精度较差，而且使用不方便，一般很少用。如图1-5-3所示螺旋千斤顶为螺杆不动、螺母回转并做直线运动。

图1-5-2　台虎钳

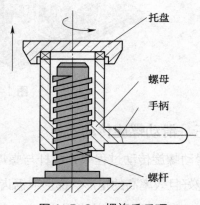

图1-5-3　螺旋千斤顶

（3）螺母原地旋转，螺杆做直线运动。这种传动形式的结构较复杂，主要用于仪器调节机构。如图1-5-4所示千分尺，测量时旋转微分筒，测量杆左右移动，以测量工件的尺寸。

（4）螺杆原地旋转，螺母做直线运动。这种传动形式的特点是结构紧凑，刚性较好。如图1-5-5所示为轿车用千斤顶，当摇动手柄使螺杆转动时，螺母即沿螺杆移动。

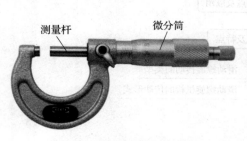

图 1-5-4 千分尺

图 1-5-5 轿车用千斤顶

四、滚动螺旋传动

滚动螺旋可分为滚子螺旋和滚珠螺旋两类。滚子螺旋的制造工艺复杂，应用很少，本教材中仅简要介绍滚珠螺旋传动。

滚珠螺旋传动就是在具有螺旋槽的螺杆和螺母之间，连续填装滚珠的螺旋传动。如图 1-5-6 所示为汽车循环球式转向器原理图，螺杆转动将滚珠导入返回滚道，然后再进入工作滚道中，如此往复循环，使滚珠形成一个闭合的循环回路，从而带动螺母左右移动，使齿扇以轴为中心摆动，实现车轮转向。

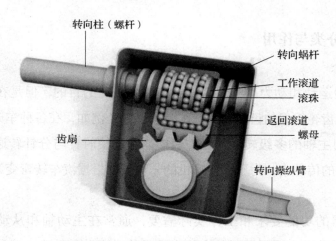

图 1-5-6 汽车循环球式转向器原理图

滚珠螺旋传动具有传动效率高、启动力矩小、传动灵敏平稳、工作寿命长等特点，在机床、汽车、拖拉机、航空等制造业中应用颇广；其缺点是制造工艺比较复杂，特别是长螺杆更难保证热处理及磨削工艺质量，刚性和抗振性能较差。

知识总结

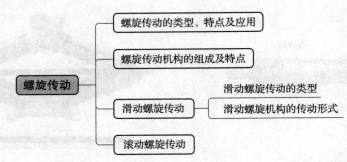

课题六　轮　系

学习目标

1. 了解轮系的概念、分类及作用。
2. 掌握定轴轮系的传动比计算。
3. 了解周转轴系的类型。

相关知识

一、轮系的分类与作用

1. 轮系的概念

齿轮可以传递运动和动力，实现增速、减速或变向的目的，但是在实际的机械应用中，只采用由一对齿轮组成的齿轮机构往往是不够的。例如，在各种车床中，为了将电动机的一种转速变为主轴的多级转速；在钟表中，为了使时针与分针转速具有一定的比例关系；在汽车后桥的传动中，为了将发动机的一种转速根据汽车转弯变为两车轮的不同转速等。

为了满足机器的功能要求和工作实际需要，通常在主动轴和从动轴（或动力输入轴与输出轴）之间采用一系列相互啮合的齿轮来传递运动和动力，这种由一系列相互啮合的齿轮所组成的传动系统称为轮系。在一个轮系中可以同时包括圆柱齿轮、圆锥齿轮和蜗轮蜗杆等各种类型的齿轮。由一对齿轮组成的齿轮机构也可以视为最简单的轮系。

2. 轮系的分类

根据轮系传动时各齿轮的轴线在空间的相对位置是否固定，轮系可分为定轴轮系、周转轮系和混合轮系，见表 1-6-1。

表 1-6-1 轮系的分类

类别	说明	运动简图
定轴轮系	当轮系运转时，所有齿轮的几何轴线的位置相对于机架固定不变，也称普通轮系	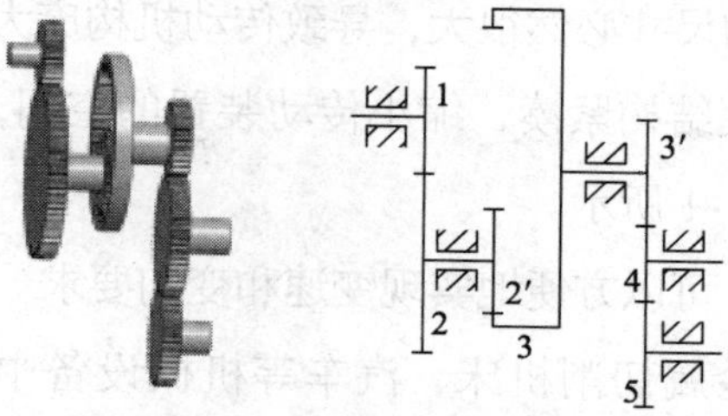
周转轮系	轮系运转时，至少有一个齿轮的几何轴线相对于机架的位置是不固定的，而是绕另一个齿轮的几何轴线转动	差动轮系 行星轮系
混合轮系	在轮系中，既有定轴轮系，又有周转轮系	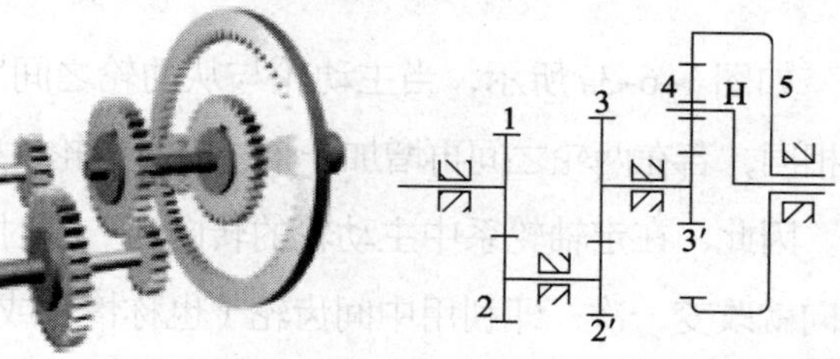

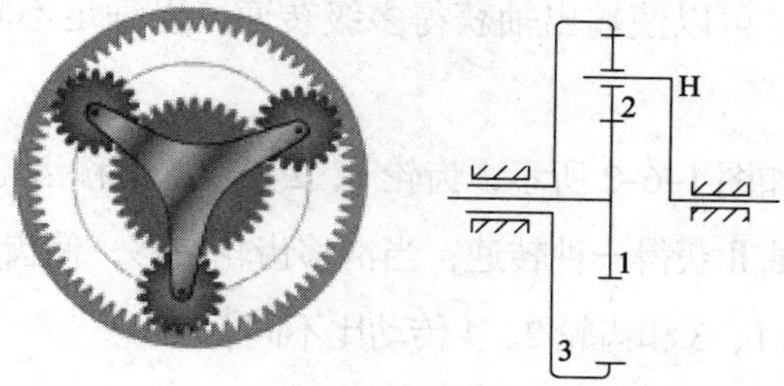

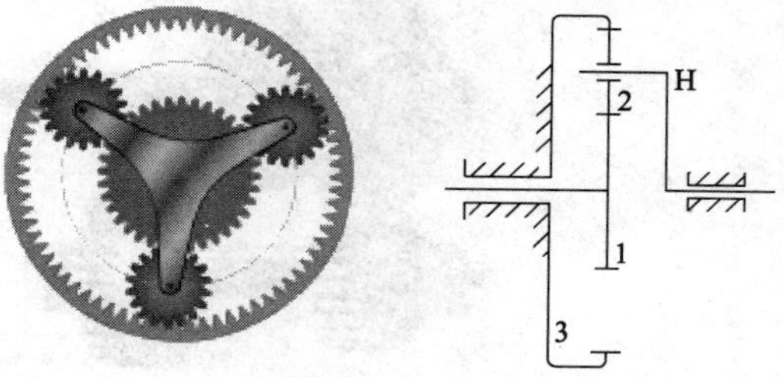

3. 轮系的作用

在各种机械中，轮系的应用十分广泛，其作用大致可以归纳为以下几个方面。

（1）可获得很大的传动比

当两轴之间的传动比较大时，若仅用一对齿轮传动，则两个齿轮的齿数差将很大，会导致小齿轮磨损加快，而大齿轮齿数太多，也使得齿轮传动的结构尺寸增大。因此，一对齿轮传动的传动比不能过大（一般 $i_{12}=3\sim5$，$i_{max}\leqslant8$），采用轮系传动可以获得很大的传动比，以满足低速工作的要求。

（2）可做较远距离的传动

当两轴中心距较大时，如用一对齿轮传动，则两齿轮的结构尺寸必然很大，导致传动机构庞大，而采用轮系，可使结构紧凑，缩小传动装置的空间，节约材料。如图1-6-1所示。

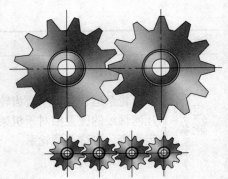

图1-6-1 远距离传动

（3）可以方便地实现变速和变向要求

在金属切削机床、汽车等机械设备中，经过轮系传动，可以使输出轴获得多级转速，以满足不同工作要求。

如图1-6-2所示，齿轮1、2是双联滑移齿轮，可以在轴Ⅰ上滑移。当齿轮1和齿轮3啮合时，轴Ⅱ获得一种转速；当滑移齿轮右移，使齿轮2和齿轮4啮合时，则轴Ⅱ获得另一种转速（齿轮1、3和齿轮2、4传动比不同）。

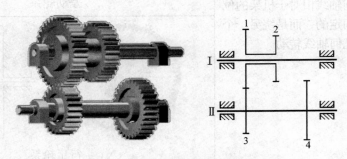

图1-6-2 滑移齿轮变速机构

如图1-6-3a所示，当主动轮与从动轮之间增加一个外啮合齿轮时，主动轮和从动轮的转向相同，若在两轮之间再增加一个外啮合齿轮，如图1-6-3b所示，则主动轮和从动轮的转向相反。因此，在定轴轮系中主动轮的转向为一定时，每增加一个外啮合圆柱齿轮传动，从动轮的转向就改变一次，即利用中间齿轮（也称惰轮或过桥轮）改变从动轮的转向。需要注意的是惰轮不改变整体的传动比大小。

（4）可以实现运动的合成与分解

采用行星轮系，可以将两个独立的运动合成为一个运动，或将一个运动分解为两个独立的运动。如图1-6-4所示汽车差速器，当汽车转弯时，能将传动轴输入的一种转速分解为两轮不同的转速。

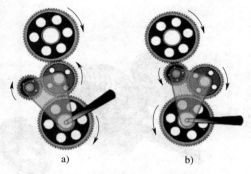

图 1-6-3　利用中间轮变向机构
a）主、从动轮转向相同
b）主、从动轮转向相反

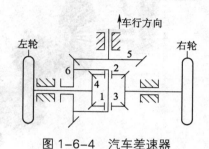

图 1-6-4　汽车差速器

二、定轴轮系

1. 平面定轴轮系

平面定轴轮系是指各齿轮轴线都相互平行的定轴轮系，如图 1-6-5 所示，该轮系由多对相互啮合的齿轮组成。汽车变速器齿轮系统就是典型的平面定轴轮系，如图 1-6-6 所示。

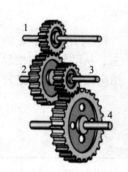

图 1-6-5　平面定轴轮系

图 1-6-6　汽车变速器齿轮系统

2. 空间定轴轮系

空间定轴轮系是含有锥齿轮和蜗轮蜗杆的轮系。如图 1-6-7 所示，在空间定轴轮系中各齿轮或蜗轮蜗杆的轴线是不平行的。汽车后桥齿轮系统就是典型的空间定轴轮系，如图 1-6-8 所示。

图 1-6-7　空间定轴轮系

图 1-6-8　汽车后桥齿轮系统

3. 定轴轮系的传动比

（1）定轴轮系中各轮转向的判断

一对齿轮传动，当首轮（或末轮）的转向为已知时，其末轮（或首轮）的转向也就确定了，表示方法可以用标注箭头的方法，或"+""-"号法表示（"+""-"号法仅适用于轴线平行的啮合传动）。一对齿轮传动转向的表达见表 1-6-2。

表 1-6-2　一对齿轮传动转向的表达

运动结构简图		转向表达
圆柱齿轮啮合传动	外啮合齿轮传动	转向用画箭头的方法表示，主、从动轮转向相反时，两箭头指向相反，传动比为"-"
	内啮合齿轮传动	主、从动轮转向相同时，两箭头指向相同，传动比为"+"

运动结构简图	转向表达
锥齿轮啮合传动	两箭头指向相背或相向啮合点

（2）传动比

轮系是由一系列相互啮合的多对齿轮组成的，其传动比是指首尾两轮的转速之比。计算公式如下：

$$i_{1k} = \frac{n_1}{n_k} = (-1)^m \frac{\text{从齿轮 1 到齿轮 } k \text{ 间所有从动轮齿数的连乘积}}{\text{从齿轮 1 到齿轮 } k \text{ 间所有主动轮齿数的连乘积}}$$

式中　m——外啮合圆柱齿轮副的对数。

由此可见，轮系传动比的正负号取决于外啮合齿轮副的对数。当 m 为奇数时，轮系传动比为负值，主、从动轮的转向相反；当 m 为偶数时，轮系传动比为正值，主、从动轮的转向相同。

定轴轮系传动比计算过程中必须注意以下问题：

1）要正确区别在啮合齿轮副中哪些齿轮是主动轮，哪些齿轮是从动轮。

2）在轮系中，既是主动轮又是从动轮，其齿数不影响传动比的大小，只改变后面齿轮的转向的齿轮，称为惰轮。

【例 1-6-1】如图 1-6-9 所示的定轴轮系中，已知 z_1=2（右旋），z_2=60，z_2'=20，z_3=40，z_3'=16，z_4=48，n_1=720 r/min，求传动比 i_{14}。

解： $i_{14} = \dfrac{n_1}{n_4} = (-1)^2 \dfrac{z_2 z_3 z_4}{z_1 z_2' z_3'} = \dfrac{60 \times 40 \times 48}{2 \times 20 \times 16} = 180$

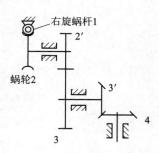

图 1-6-9　定轴轮系

三、周转轮系

1. 差动轮系

如图 1-6-10a 所示的周转轮系中，两个中心轮 1 和 3 均不固定，这种周转轮系称为差动轮系。汽车差速器就采用了差动轮系，其中齿轮 1 和齿轮 3 是中心轮且不固定，齿轮 2

为行星轮，装在系杆 H（行星架）上。

2. 行星轮系

如图 1-6-10b 所示的周转轮系中，当齿轮 1（太阳轮）转动时，内齿轮 3（齿圈）固定不动，齿轮 2（行星轮）一方面绕自己的轴线转动（自转），同时还在系杆 H 的带动下随同其轴绕齿轮 1 的轴线转动（公转），这样的周转轮系就称为行星轮系。

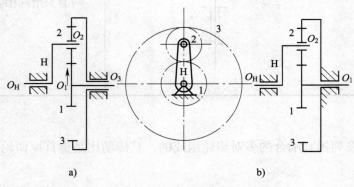

a)   b)

图 1-6-10   周转轮系
a）差动轮系   b）行星轮系

⚡ 知识总结

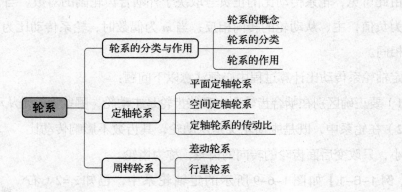

模块二
常 用 机 构

课题 一 铰链四杆机构

⚙ **学习目标**

1. 能区分铰链四杆机构的基本类型。
2. 能明确铰链四杆机构的特点。
3. 了解铰链四杆机构的演化历程。

🔧 **相关知识**

一、铰链四杆机构的特点及组成

由一些刚性构件用转动副和移动副相互连接而组成的在同一平面或相互平行平面内运动的机构称为平面连杆机构。平面连杆机构构件的形状多种多样，不一定为杆状，但从运动原理来看，均可用等效的杆状构件来替代。

工程上最常用的平面连杆机构是铰链四杆机构，如图 2-1-1 所示，它由四个杆件组成，杆件间为转动副连接，其主要优点是结构简单，制造容易，工作可靠，能够实现多种运动规律和运动轨迹。

在铰链四杆机构中，固定不动的构件 4 称为机架，不与机架直接相连的构件 2 称为连杆，与机架相连的构件 1、3 称为连架杆。

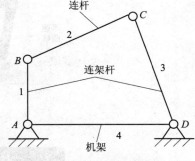

图 2-1-1　铰链四杆机构的名称

二、铰链四杆机构的基本类型

铰链四杆机构按两连架杆的运动形式，分为曲柄摇杆机构、双曲柄机构和双摇杆机构三种基本类型。

1. 曲柄摇杆机构

铰链四杆机构中，若两个连架杆中的一杆为曲柄，另一杆为摇杆，则此机构称为曲柄摇杆机构，曲柄和摇杆均能作为主动件。如图 2-1-2 所示的雷达机构是以曲柄作为主动件，曲柄连续转动，通过连杆带动摇杆摆动，雷达机构搜索和接收信号。图 2-1-3 所示为缝纫机踏板机构，它是以摇杆为主动件的曲柄摇杆机构，当踏板（摇杆）往复摆动时，通过连杆使曲柄和与其固联的带轮一起做整周转动。

图 2-1-2　雷达

图 2-1-3　缝纫机踏板机构

2. 双曲柄机构

铰链四杆机构的两个连架杆均为曲柄称为双曲柄机构。

如图 2-1-4 所示的惯性筛机构，原动机带动一个曲柄等速转动，通过连杆带动另一个曲柄非等速转动，滑块变速运动，实现筛床的筛分工作。

双曲柄机构中，若两个曲柄长度相等则称之为平行双曲柄机构，如机车车轮的联动装置（图 2-1-5）和车门启闭机构均是利用平行双曲柄机构的实例。

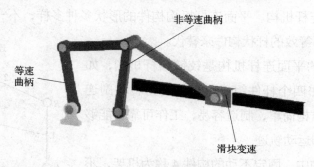

图 2-1-4　惯性筛机构

图 2-1-5　机车车轮的联动装置

3. 双摇杆机构

铰链四杆机构的两个连架杆均为摇杆称为双摇杆机构。如图 2-1-6 所示的港口起重机采用的就是双摇杆机构，当摇杆 *AB* 和 *CD* 摆动时，使连杆 *CB* 的延长点 *M* 做近似于水平直线的运动。

三、铰链四杆机构类型的判别

铰链四杆机构中是否存在曲柄，主要取决于机构中各杆的相对长度和机架的选择。铰链四杆机构存在曲柄，必须同时满足下面两个条件：

1. 连架杆和机架中必有一杆是最短杆。

2. 最短杆与最长杆长度之和小于或等于其他两杆长度之和。

根据曲柄存在条件，可得出铰链四杆机构三种基本类型的判别方法，见表 2-1-1。

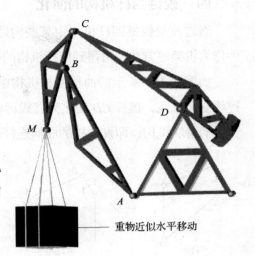

图 2-1-6 港口起重机

重物近似水平移动

表 2-1-1　铰链四杆机构三种基本类型的判别方法（L_{AD} 为最长杆，L_{AB} 为最短杆）

条件	类型	说明	图示
$L_{AD}+L_{AB} \leqslant$ $L_{BC}+L_{CD}$	曲柄摇杆机构	连架杆之一为最短杆	
	双曲柄机构	机架为最短杆	
	双摇杆机构	连杆为最短杆	
$L_{AD}+L_{AB}>$ $L_{BC}+L_{CD}$	双摇杆机构	无论哪个杆为机架，都无曲柄存在	

四、铰链四杆机构的演化

通过改变铰链四杆机构中某些构件的形状、相对长度、运动副的尺寸，或选择不同构件作为机架等方法，可得到四杆机构的一些演化形式。

如图 2-1-7 所示的曲柄摇杆机构中，当摇杆 3 的长度增至无穷大时，铰链 C 的运动轨迹将变成直线，摇杆 CD 演化为直线运动的滑块，由原来的转动副变为移动副，机构就演化为曲柄滑块机构，即发动机的曲柄连杆机构。

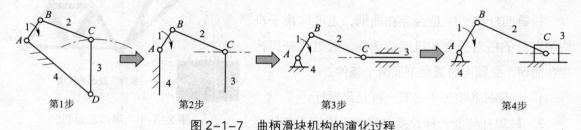

第1步　　　　　　第2步　　　　　　第3步　　　　　　第4步

图 2-1-7　曲柄滑块机构的演化过程

五、铰链四杆机构的特性

1. 急回特性

如图 2-1-8 所示曲柄摇杆机构，当曲柄整周回转时，摇杆在 C_1D 与 C_2D 两极限位置之间往复摆动。当摇杆在 C_1D、C_2D 两极限位置时，曲柄与连杆共线，对应两位置所夹的锐角称为极位夹角，用 θ 表示。

当主动件曲柄沿逆时针方向等角速度连续转动，由 AB_1 位置转到 AB_2 位置时，转角为 $180°+\theta$，摇杆由 C_1D 摆到 C_2D，其所用时间为 t_1；当曲柄由 AB_2 位置转到 AB_1 位置时，转角为 $180°-\theta$，摇杆由 C_2D 摆到 C_1D，其所用时间为 t_2。摇杆往复摆动所用的时间不等（$t_1>t_2$），平均速度不等，返回时速度快，机构的这种性质称为急回特性。

机构的急回特性可用行程速比系数 K 表示，即

$$K = \frac{v_2}{v_1} = \frac{t_1}{t_2} = \frac{180°+\theta}{180°-\theta}$$

式中　v_1、v_2——摇杆的平均往返速度。

上式表明，当机构有极位夹角 θ 时，则机构有急回特性；极位夹角 θ 越大，机构的急回特性越明显；极位夹角 $\theta=0°$ 时，机构往返所用的时间相同，机构无急回特性。

2. 死点位置

如图 2-1-8 中，取摇杆为主动件，当摇杆摆到极限位置 C_1D 和 C_2D 时，连杆 BC 和曲柄 AB 共线，机构的这种位置称为死点位置。

为了消除死点位置的不良影响，可对曲柄施加额外的力，或利用飞轮及构件自身的惯性作用来保证机构顺利通过死点位置。

缝纫机的踏板机构会出现踏不动或带轮反转的现象，就是因为机构处于死点位置。正常运转时，可借助带轮的惯性作用，使机构顺利通过死点位置。

3. 压力角和传动角

工程应用中，不仅要求四杆机构能实现预定的运动规律，还应具有良好的传力性能，以提高机械的效率。

如图 2-1-9 所示的曲柄摇杆机构，连杆 BC 作用于从动摇杆 CD 上的力 F 沿着 BC 方向。力 F 与 C 点的绝对速度 v_c 之间所夹的锐角 α 称为压力角。压力角 α 的余角 γ（连杆与从动摇杆之间所夹的锐角）称为传动角。α 越小，传力越好。由于连杆的位置及 C 点的线速度方向不断改变，因此 α 的大小也在不断改变。

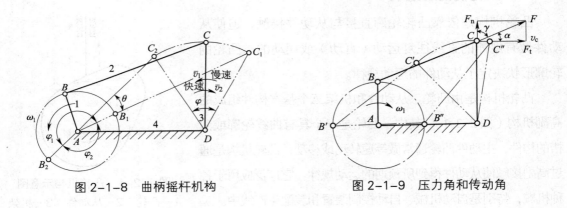

图 2-1-8 曲柄摇杆机构　　　　图 2-1-9 压力角和传动角

⚡ 知识总结

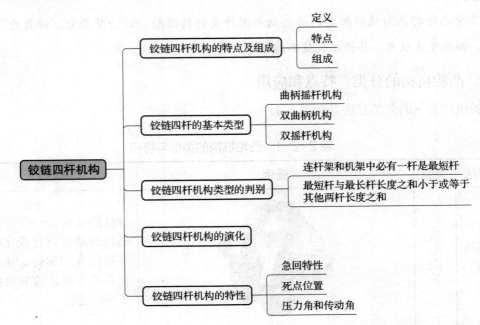

课题二 凸轮机构

学习目标

1. 能掌握凸轮机构的分类、特点及应用。
2. 能叙述凸轮机构从动件的运动规律。

相关知识

一、凸轮机构的组成

凸轮机构是依靠凸轮轮廓直接与从动件接触，迫使从动件做有规律的直线往复运动（直动）或摆动的。凸轮的轮廓形状决定了从动件的运动规律。

凸轮机构是由凸轮、从动件和机架三个基本构件组成的高副机构（图2-2-1）。其中，凸轮是一个具有曲线轮廓或凹槽的构件，主动件凸轮通常做等速转动或移动，凸轮机构是通过高副接触使从动件得到所预期的运动规律。它广泛应用于各种机械，特别是自动机械、自动控制装置和装配生产线中。

图2-2-1 凸轮机构示意图
1—凸轮 2—从动件 3—机架

提示

工作中凸轮轮廓与从动件之间必须始终保持良好的接触，如借助重力、弹簧力等方法来实现。如果发生脱离，凸轮机构就不能正常工作。

二、凸轮机构的分类、特点和应用

凸轮机构常见的分类方法见表2-2-1。

表2-2-1 凸轮机构的类型与特点

分类方法	类型	图例	特点
按凸轮形状分	盘形凸轮	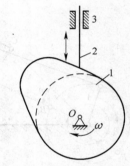	盘形凸轮是一个绕固定轴线转动并具有变化传动半径的盘形零件。从动件在垂直于凸轮旋转轴线的平面内运动

续表

分类方法	类型	图例		特点
按凸轮形状分	移动凸轮			移动凸轮可看作是盘形凸轮的回转中心趋于无穷远,凸轮相对机架做直线往复移动
	圆柱凸轮			圆柱凸轮是一个在圆柱面上开有曲线凹槽或在圆柱端面上做出曲线轮廓的构件,它可看作是将移动凸轮卷成圆柱体演化而成的
按从动件端部形状和运动形式分		移动	摆动	
	尖顶从动件			构造简单,但易磨损,只适用于作用力不大和速度较低的场合(如用于仪表等机构中)
	滚子从动件			滚子与凸轮轮廓之间为滚动摩擦,磨损较小,可用来传递较大的动力,应用较广
	平底从动件			凸轮与平底的接触面间易形成油膜,润滑较好,常用于高速传动中

  凸轮机构结构简单、紧凑,工作可靠,设计适当的凸轮轮廓曲线可使从动件获得不同运动规律;同时也具有不便于润滑、易磨损等缺点,因此,凸轮机构多用于传递动力不大的控制或调节机构,如自动机械、仪表、控制机构和调节机构中。

三、从动件常用的运动规律

1. 基本参数

如图 2-2-2 所示为一尖顶对心直动从动件盘形凸轮机构，其基本参数如下。

（1）基圆：以凸轮的最小半径 r_b 为半径所作的圆称为凸轮的基圆，r_b 为基圆半径。

（2）行程：当凸轮以逆时针方向转过 AB 段时，从动件尖顶由距回转中心最近点 A 到达最远点 B，从动件所走过的距离 h 称为行程，而这一过程称为推程。

（3）推程运动角：与推程相对应的凸轮转角 φ_1 为推程运动角。

（4）远休止角：当凸轮继续回转 φ_s 时，BC 弧段与尖顶相作用，从动件在最远位置处停留不动，φ_s 称为远休止角。

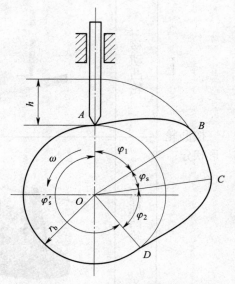

图 2-2-2　凸轮机构的基本参数

（5）回程：当凸轮转过角度 φ_2，从动件又由最远位置 C 点回到最近位置 D 点，这一过程称为回程。

（6）回程运动角：与此相对应凸轮转角 φ_2 称为回程运动角。

（7）近休止角：凸轮再转过角度 φ'_s，从动件的尖端和凸轮上以 r_b 为半径的 DA 段圆弧相接触，从动件在最近位置处停留不动，对应的凸轮转角 φ'_s 称为近休止角。

2. 从动件常用的运动规律

从动件位移、速度、加速度随时间 t（或凸轮转角 φ）的变化规律称为从动件的运动规律，常见的有以下几种。

（1）等速运动规律

当凸轮等速转动时，从动件在运动过程中的速度是常数，这种运动规律称为等速运动规律。等速运动规律将产生较大的惯性力，对机械造成很大的冲击，这种冲击通常称为刚性冲击。刚性冲击会引起机械的振动，加速凸轮的磨损，甚至损坏构件，因此，等速运动规律一般只适用于低速、轻载的场合，其运动规律简图如图 2-2-3 所示。

（2）等加速等减速运动规律

从动件在推程前半段做等加速运动，后半段做等减速运动，这种运动规律称为等加速等减速运动规律。等加速等减速运动规律的冲击比刚性冲击轻，称为柔性冲击，适用于中速、轻载的场合，其运动规律简图如图 2-2-4 所示。

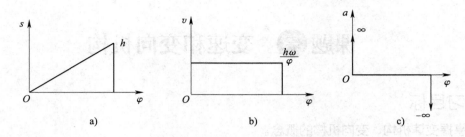

图 2-2-3 等速运动规律简图
a）位移线图 b）速度线图 c）加速度线图

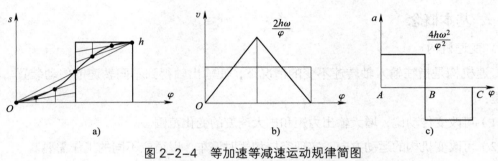

图 2-2-4 等加速等减速运动规律简图
a）位移线图 b）速度线图 c）加速度线图

（3）余弦加速度运动规律

为了减少加速度的突变次数，可以采用从动件的加速度按余弦曲线变化的运动规律。从动件仅在运动的始点和终点处才产生有限的突变惯性力，引起柔性冲击，余弦加速度运动规律通常适用于中速、中载的场合。

知识总结

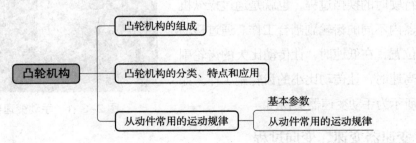

课题三 变速和变向机构

学习目标

1. 掌握变速机构、变向机构的概念。
2. 掌握汽车变速器的变速和变向过程。

相关知识

一、基本概念

1. 变速机构

变速机构是指在输入轴转速不变的情况下，使输出轴得到不同转速的传动装置。具体功能是：

（1）可改变传动比，增大输出力矩和扩大速度的变化范围。

（2）可改变机构的运动方向，实现空挡和暂时停车，以适应不同的工作需要。

2. 变向机构

变向机构是指在输入轴旋转方向不变的情况下，改变输出轴旋转方向的装置。

汽车变速器就是最常用的变速、变向机构。

二、变速器原理

机械式汽车变速器主要应用了齿轮传动的变速原理。变速器内有多组传动比不同的齿轮副，汽车行驶时的换挡过程，也就是通过操纵机构使变速器内不同的齿轮副啮合工作。通过移动接合套的位置，在低速时，让传动比大的齿轮副工作；在高速时，让传动比小的齿轮副工作。如图 2-3-1 所示为手动变速器实物图。

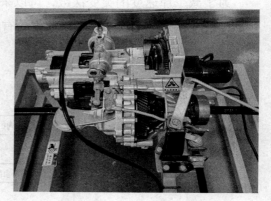

图 2-3-1 手动变速器实物图

三、变速器变速、变向过程

图 2-3-2 所示为手动变速器的工作原理图。

1. 一挡

如图 2-3-2 所示，一、二挡同步器右移，使一挡齿轮与主减速器主动齿轮轴接合，将变速齿轮锁定到主减速器主动齿轮轴上。输入轴的一挡主动齿轮顺时针（从发动机输入转矩 M_e 方向看）转动，逆时针驱动一挡从动齿轮和主减速器主动齿轮轴，汽车一挡向前行驶。

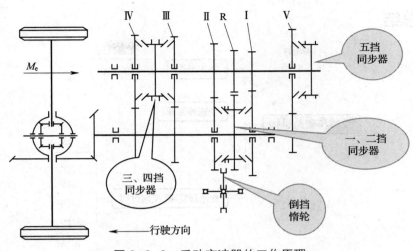

图 2-3-2　手动变速器的工作原理

2. 二挡

从一挡向二挡换挡时，一、二挡同步器左移，分离一挡从动齿轮，并接合二挡从动齿轮，汽车二挡向前行驶，实现一、二挡的变速过程。

3. 三挡

当一、二挡同步器接合套返回空挡后，将三、四挡同步器右移，锁定到主减速器主动齿轮轴的三挡齿轮上，汽车三挡向前行驶，实现二、三挡变速过程。

4. 四挡

从三挡向四挡换挡时，三、四挡同步器左移，分离三挡从动齿轮，并接合四挡从动齿轮，汽车四挡向前行驶，实现三、四挡的变速过程。

5. 五挡

当三、四挡同步器接合套返回空挡后，将五挡同步器左移，锁定到主减速器主动齿轮轴的五挡齿轮上，汽车五挡向前行驶，实现五挡变速过程。

6. 倒挡

变速操纵杆位于倒挡时，倒挡惰轮同时与倒挡主动齿轮和倒挡从动齿轮啮合。倒挡从动齿轮同时又是一、二挡同步器接合套，同步器接合套带有沿其外缘加工的直齿。输入轴的倒挡主动齿轮顺时针（从发动机输入转矩 M_e 方向看）转动，逆时针驱动倒挡惰轮，顺时针驱动倒挡从动齿轮和主减速器主动齿轮轴；倒挡惰轮改变变速齿轮的转动方向，汽车实现倒车。

知识总结

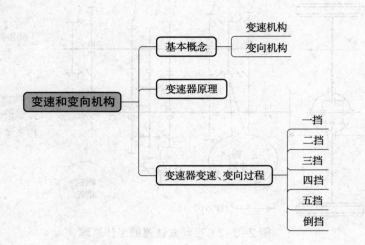

模块三
常用零件

课题一 键连接和销连接

学习目标

1. 熟悉键连接的类型、应用特点。
2. 了解键连接的选择。
3. 掌握花键连接的应用特点。
4. 了解销连接的应用及基本类型。

相关知识

一、键连接的类型和应用

键主要用来实现轴与轮毂之间的周向固定，有的还能用来实现轴上零件的轴向固定或轴向滑动。根据结构形式，键可分为平键、半圆键、楔键和切向键，其中以平键应用最为广泛。

1. 平键连接

（1）平键连接的种类

平键的断面呈长方形。常用的平键有静连接用平键，也称为普通平键，如图3-1-1所示和动连接用平键，导向平键和滑键，如图3-1-2所示。

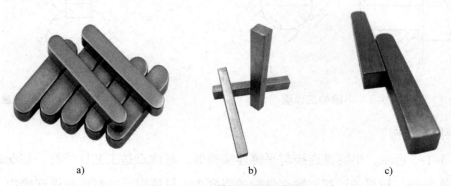

a)   b)   c)

图3-1-1 普通平键的类型

a）圆头平键（A型） b）平头平键（B型） c）单圆头平键（C型）

61·

a)   b)

图 3-1-2 动连接用平键

a）导向平键   b）滑键

1）普通平键。有圆头（A 型）、平头（B 型）和单圆头（C 型）三种。圆头平键用于轴的中部，键在键槽中固定良好，但轴上键槽引起的应力集中较大；平头平键也用于轴的中部，轴的应力集中较小；单圆头平键常用于轴的端部。

2）导向平键和滑键。导向平键用螺钉固定在轴槽中，工作时，键对轴上的移动零件起导向作用，为了拆卸方便，在键的中部制有起键螺孔，其他特点与普通平键相同，这种键能实现轴上零件的轴向移动。当移动距离较远时，一般采用滑键。

（2）平键连接的特点

结构简单，装拆方便，装配时不影响轴与轮毂的同轴度，对中性好，工作面为两侧面，承载能力大，应用广泛，如图 3-1-3 所示。当承载能力不够时采用双键按 180° 布置，如图 3-1-4 所示。

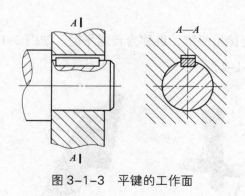

图 3-1-3 平键的工作面

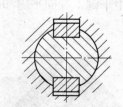

图 3-1-4 平键的双键布置

2. 半圆键连接

如图 3-1-5 所示，半圆键连接与平键连接类似，其优点是工艺性能好，装配方便，尤其适用于锥形轴与轮毂的连接；缺点是轴的强度小，只适用于轻载或辅助连接中，如汽车用交流发电机的带轮与轴的连接。

3. 楔键连接

楔键分为普通楔键和钩头楔键两种。钩头楔键（图 3-1-6）的钩头是为了拆卸方便。楔键的上下两面是工作面，键的上表面和轮毂键槽底面均有 1∶100 的斜度。装配时键的上、下表面分别与轮毂、轴的槽底紧压，工作时靠压紧面上的摩擦力来传递转矩，同时还能承受单向的轴向载荷。楔键适用于定心精度要求不高、载荷平稳和低速的场合。

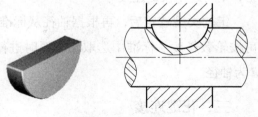

图 3-1-5 半圆键

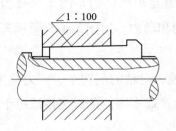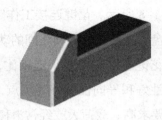

图 3-1-6 钩头楔键

4. 切向键连接

切向键连接由一对斜度为 1∶100 的楔键组成，如图 3-1-7 所示。装配时使两键以其斜面互相贴合，共同楔紧在轴毂之间。切向键的工作面是两键贴合后相互平行的上、下两窄面，工作时靠工作面上的挤压力和轴与轮毂间的摩擦力来传递转矩。用一组切向键只能传递一个方向的转矩，若为双向载荷，则应用两组切向键，各自错开 120°。这种键的键槽对轴的强度削弱较大，因此常用于直径大于 100 mm 的轴上。

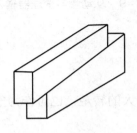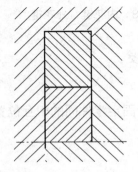

图 3-1-7 切向键

二、键的选择

键的类型应根据键连接的结构、使用特性及工作条件来选择。例如，当对中性要求较高时选用平键连接；平键用于轴端时宜选用单圆头平键；轴上零件的毂槽底部有斜度时，选用半圆键连接；连接于轴上的零件需沿轴向滑动时，可选用导向平键；若需要承受轴向力，则可选用楔键连接等。

键的类型选定后，再根据轴径从标准中选取剖面尺寸（键宽 $b\times$ 键高 h）。键的长度 L 可按轮毂长度从标准中选取，必要时进行强度校核。一般轮毂长度可取 $L\approx（1.5\sim2）d$，d 为轴径。

三、花键连接

轴和轮毂孔周向均布的多个键齿构成的连接称为花键连接，由内花键和外花键组合而成。内花键是轮毂孔内周向均布的多个键齿，外花键是轴周向均布的多个键齿，如图 3-1-8 所示。花键连接工作时主要靠齿的侧面传递运动和动力，如图 3-1-9 所示离合器从动盘与变速器输入轴之间的动力传递。

花键连接与普通平键相比，具有承载能力强、齿槽浅、对轴的削弱小、应力集中小、对中性好和导向性能好等优点，但需要专用设备加工，生产成本高。花键连接适用于定心精度要求高、载荷大或经常滑移的连接中。

图 3-1-8　内花键、外花键

图 3-1-9　从动盘与变速器输入轴的连接

四、销连接

1. 用途

销连接用于固定零件间的相互位置，并可传递不大的转矩，也可作为安全装置中的过载剪断元件。

2. 分类

（1）按使用功能分类，销可分为连接销、定位销、安全销等，其应用及说明见表 3-1-1。

表 3-1-1　连接销、定位销、安全销的应用

类型	应用	图形	说明
连接销	用于轴与毂的连接或其他零件的连接	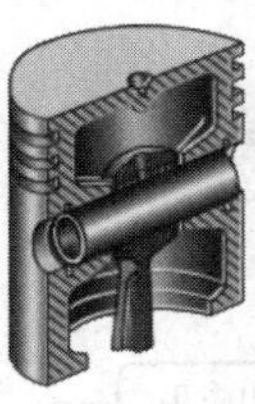	连接活塞与连杆
定位销	用于固定零件之间的相对位置		保证气缸体、气缸盖的相对位置
安全销	作为安全装置中的过载剪断元件		用于联轴器的连接

（2）按形状分类，销可分为圆柱销、圆锥销、开口销、销轴及特殊形状销等，见表 3-1-2，其中圆柱销、圆锥销和开口销均为标准件。

表 3-1-2　圆柱销、圆锥销、开口销、销轴的使用说明

类型	说明	图形
圆柱销	圆柱销靠过盈连接固定在孔中，销孔需铰制，多次装拆后会降低定位的精度和连接的紧固性，只能传递不大的载荷	
圆锥销	圆锥销有 1∶50 的锥度，以使其有可靠的定位性能，定位精度比圆柱销高	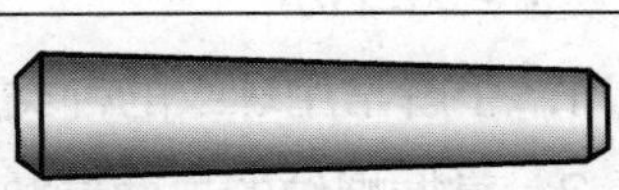
开口销	开口销是一种防松零件	
销轴	销轴用来形成铰链连接	

知识总结

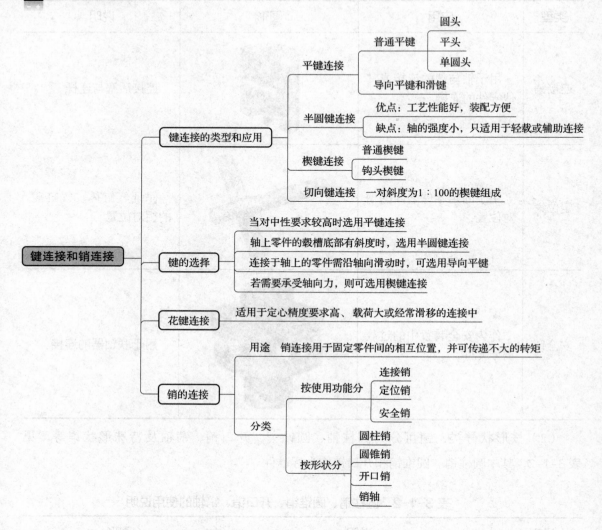

课题二 螺纹连接

学习目标

1. 了解常用螺纹的种类及应用场合。

2. 掌握螺纹的主要参数以及螺纹的代号与标记。

3. 熟悉螺纹连接的基本类型和防松装置。

相关知识

一、螺纹的分类

1. 按螺纹的牙型分类

按牙型角不同，螺纹可以分为三角螺纹、矩形螺纹、梯形螺纹、锯齿形螺纹和管螺纹。三角螺纹主要用于连接，后四种螺纹主要用于传动，其中除矩形螺纹外，都已标准化。

（1）三角螺纹

如图 3-2-1 所示，三角螺纹牙型为等边三角形，牙型角 $\alpha=60°$，牙根强度较高，自锁性能好，是最常用的连接螺纹。同一公称直径的螺纹按螺距大小分为粗牙螺纹和细牙螺纹。一般情况下用粗牙螺纹，细牙螺纹常用于薄壁零件或变载荷的连接，也可作为微调机构的调整螺纹用。

（2）矩形螺纹

如图 3-2-2 所示，矩形螺纹牙型为矩形，牙型角 $\alpha=0°$，牙厚为螺距的一半，尚未标准化。传动效率较其他螺纹高，多用于传动；缺点是牙根强度较低，磨损后间隙难以补偿，传动精度较低。

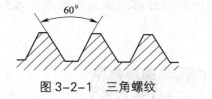

图 3-2-1　三角螺纹　　　　　　　　图 3-2-2　矩形螺纹

（3）梯形螺纹

如图 3-2-3 所示，梯形螺纹牙型为等腰梯形，牙型角 $\alpha=30°$。传动效率比矩形螺纹略低，但工艺性好，牙根强度高，避免了矩形螺纹的缺点，是最常用的传动螺纹。

（4）锯齿形螺纹

如图 3-2-4 所示，矩齿形螺纹牙型为不等腰梯形，它兼有矩形螺纹传动效率高和梯形螺纹牙根强度高的优点，但只能用于单方向的螺旋传动中。

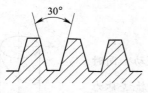
　　　　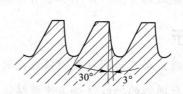

图 3-2-3　梯形螺纹　　　　　　　　图 3-2-4　锯齿形螺纹

（5）管螺纹

如图 3-2-5 所示，管螺纹牙型角 $\alpha=55°$，有密封管螺纹和非密封管螺纹两种，是英制螺纹。常用于管道的连接，管子的内径为管螺纹的公称直径。

2. 按螺旋线方向分类

按螺旋线旋绕方向的不同，螺纹分为顺时针旋入的右旋螺纹和逆时针旋入的左旋螺纹，其中右旋螺纹较为常用。螺纹旋向直观的判别方法是，将螺纹轴线竖直放置，其可见侧螺纹牙由左向右上升时为右旋，反之为左旋，如图3-2-6所示。

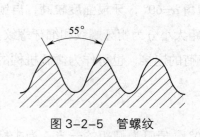

图 3-2-5　管螺纹

图 3-2-6　螺纹的旋向

3. 按螺旋线数分类

形成螺纹的螺旋线的数目称为线数，以 n 表示。螺纹分为单线螺纹（沿一条螺旋线形成的螺纹）和多线螺纹（沿两条或两条以上轴向等距分布的螺旋线形成的螺纹），如图3-2-7所示。

　单线螺纹　　　双线螺纹

图 3-2-7　螺纹的线数

4. 按螺旋线形成表面分类

按螺旋线形成表面分类，螺纹分为外螺纹（在圆柱的外表面形成的螺纹）和内螺纹（在圆柱孔的内表面形成的螺纹），两者旋合组成螺旋副，如图3-2-8所示。

图 3-2-8　螺纹的表面类型

提示

螺旋线：动点沿圆柱或圆锥表面的母线做等速直线运动，同时又绕圆柱或圆锥的轴线做等角速旋转运动时，动点的运动轨迹称为螺旋线（图3-2-9）。

螺纹：圆柱或圆锥表面上，沿螺旋线形成的具有规定牙型的连续凸起和沟槽。

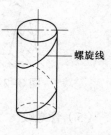

图 3-2-9　螺旋线的形成

二、常用的螺纹参数

螺纹的主要参数如图 3-2-10 所示，其具体定义见表 3-2-1。

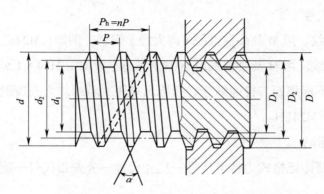

图 3-2-10 螺纹的主要参数

表 3-2-1 螺纹参数名称及定义

参数符号		参数名称	定　义
内螺纹	外螺纹		
D	d	大径	即螺纹公称直径，与外螺纹牙顶或内螺纹牙底相重合的假想圆柱面的直径（管螺纹除外）
D_1	d_1	小径	与外螺纹牙底或内螺纹牙顶相重合的假想圆柱面的直径，常作为外螺纹剖面的计算直径
D_2	d_2	中径	处于大径和小径之间的假想圆柱面的直径，在该圆柱的母线上，螺纹牙厚度与牙间宽度相等
α		牙型角	螺纹轴线平面内螺纹牙两侧边的夹角
P		螺距	相邻两螺纹牙在中径线上对应点之间的轴向距离
n		螺纹线数	螺旋线根数
P_h		导程	一个点沿着在中径圆柱上的螺旋线旋转一周所对应的轴向位移，$P_h = n \times P$
λ		螺纹升角	中径上螺旋线的切线与垂直于螺纹轴线的平面之间的夹角，$\lambda = \arctan (S / \pi d_2)$

　　注：我国采用米制螺纹，仅水暖件的管螺纹应用英制螺纹。其中除矩形螺纹外都已标准化（矩形螺纹尚未标准化，推荐尺寸：$d=1.25d_1$，$P=0.25d_1$）。

三、螺纹的代号与标记

1. 普通螺纹的代号与标记

（1）普通螺纹代号

1）普通粗牙螺纹。用 M 及公称直径（即大径）表示，例如，M24。

2）普通细牙螺纹。用 M 及公称直径 × 螺距表示，例如，M24×1.5。

普通粗牙螺纹不标螺距，普通细牙必须标出螺距。若螺纹为左旋时，可在螺纹代号之后加"LH"，例如，M24LH。

（2）普通螺纹标记

普通螺纹的完整标记格式为特征代号—尺寸代号—公差带代号—旋合长度代号—旋向代号。

1）螺纹公差带代号由公差等级数字和表示其位置的字母组成，标注在螺纹代号之后，中间用"—"分开；若螺纹的中、顶径公差带代号不同，则分别注出，若相同，则只标注一个代号；内外螺纹装配，其公差带代号用斜线分开，例如，M20×2—6H/6g。

2）螺纹旋合长度是指两个相互配合的螺纹沿螺纹轴线方向相旋合部分的长度。旋合长度分三组：S 表示短，N 表示中等（一般不标），L 表示长。旋合长度代号标在公差带代号之后；特殊需要时，可注明旋合长度的数值。

2. 梯形螺纹的代号与标记

（1）梯形螺纹代号

1）单线。用公称直径 × 螺距表示，例如，Tr40×7。

2）多线。用公称直径 × 导程（P 螺距）表示，例如，Tr40×14（P_7）。

若为左旋螺纹，则在尺寸规格之后加注"LH"，例如，Tr40×7LH。

（2）梯形螺纹标记

与普通螺纹类似，主要区别是：

1）公差带代号只标注中径公差带，例如，Tr40×7—7H。

2）旋合长度分 N、L 两组，N 不标注，特殊需要时可注明旋合长度数值。

例如：Tr40×14（P_7）—8e—L

      Tr40×7—7e—140

3. 管螺纹的标记

（1）密封管螺纹的标记

由螺纹特征代号和尺寸代号组成。

1）圆锥内螺纹：用 Rc 表示。

2）圆锥外螺纹：用 R_1 或 R_2 表示。

3）圆柱内螺纹：用 Rp 表示。

（2）非密封管螺纹的标记

非密封管螺纹用 G 表示，其标记由螺纹特征代号、尺寸代号和公差等级代号组成。内螺纹不标注公差等级代号，外螺纹的公差等级分 A、B 两级。例如，G2、G3A。

四、螺纹连接的基本类型

螺纹连接在生产实践中应用很广，常见的螺纹连接有螺栓连接、双头螺柱连接、螺钉连接和紧定螺钉连接四种类型，其中，螺栓连接又分普通螺栓连接和铰制孔螺栓连接，其特点和应用见表 3-2-2。

表 3-2-2　螺纹连接的基本类型

类型		图示	结构及特点	应用
螺栓连接	普通螺栓	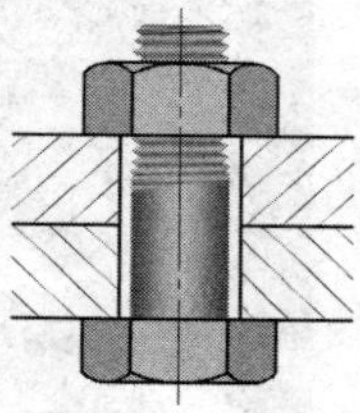	螺栓穿过两被连接件上的通孔并加螺母紧固，结构简单，装拆方便，成本低，应用广泛	用于两被连接件上均为通孔且有足够的装配空间的场合
	铰制孔螺栓	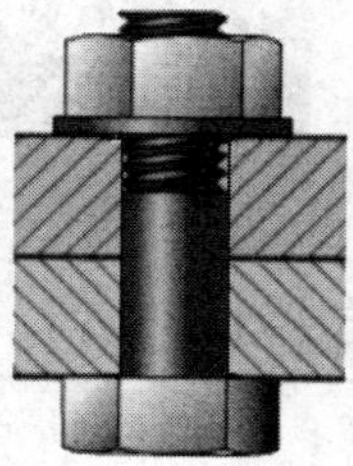	螺栓穿过两被连接件上的通孔并加螺母紧固，能精确固定被连接件的相对位置，并能承受横向载荷	用于两被连接件上均为通孔且承受横向载荷的场合，如连杆与连杆盖的连接
双头螺柱连接		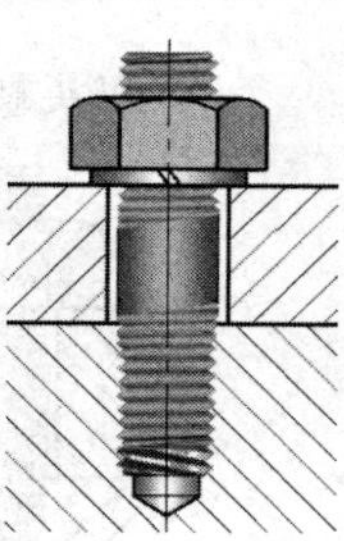	双头螺柱的两端均有螺纹，螺纹较短的一端靠过盈连接而拧紧在被连接件之一的螺纹孔中，装上另一个被连接件后，加垫圈并用螺母紧固。拆卸时，只需拧下螺母，被连接件上的螺纹不易损坏	用于受结构限制或被连接件之一为不通孔，并需经常拆卸的场合
螺钉连接		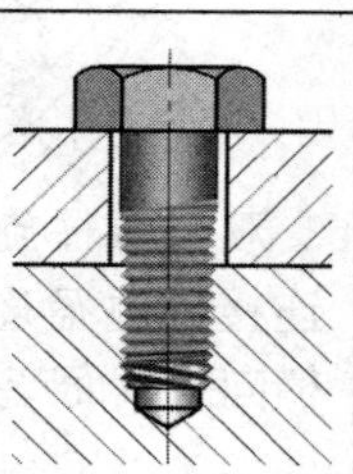	螺栓（或螺钉）穿过一被连接件上的通孔而直接拧入另一被连接件的螺纹孔内并紧固。若经常拆卸，被连接件上的螺纹易损坏	用于被连接件之一较厚，不便加工通孔，且不经常拆卸的场合

续表

类型	图示	结构及特点	应用
紧定螺钉连接	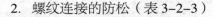	紧定螺钉拧入一被连接件上的螺纹孔，并用其端部顶紧另一被连接件	用于固定两被连接件的相对位置，并可传递不大的力或转矩

五、螺纹连接的预紧与防松

1. 螺纹连接的预紧

大多数螺纹连接在装配时都必须拧紧，这就是预紧。预紧的目的是保证连接的可靠性、密封性和防松能力，防止受载后被连接件间出现缝隙或发生相对滑移。

控制预紧力的方法很多，通常可用力矩扳手（图3-2-11）来控制装配时施加的拧紧力矩，从而控制预紧力的大小。

2. 螺纹连接的防松（表3-2-3）

图 3-2-11　力矩扳手

表 3-2-3　螺纹连接常用的防松方法

形式	图示及说明		
摩擦力防松	双螺母防松 两螺母对顶拧紧，给螺栓旋合段施加一个附加拉力，从而增大螺纹接触面的摩擦阻力矩	弹簧垫圈防松 拧紧螺母时，弹簧垫圈被压平后产生的弹性力使螺纹间保持一定的摩擦阻力矩	双头螺柱防松 双头螺柱旋入端螺纹与被连接件过盈连接，形成局部横向张紧而产生摩擦力

形式	图示及说明		
机械元件防松	槽形螺母与开口销防松 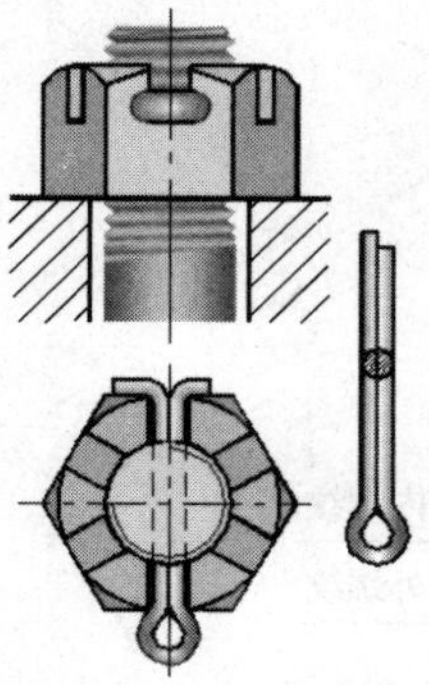 开口销穿过螺母槽插入螺栓上的径向销孔中，使螺母、螺栓不能相对转动	止动垫圈防松 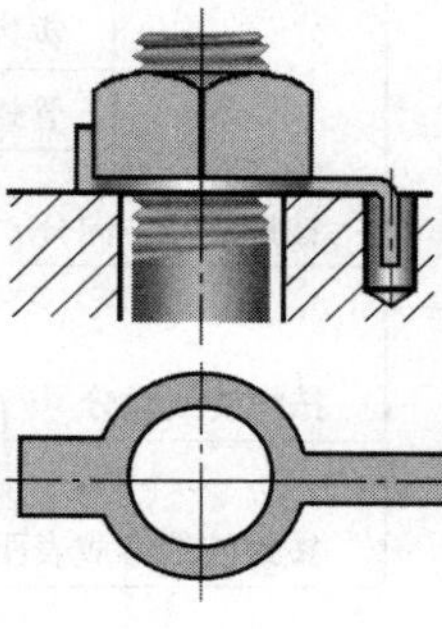 将止动垫圈的一侧折弯后插入被连接件上的预制孔中，另一侧待螺母拧紧后再折弯并贴紧在螺母的侧平面上	串联钢丝防松 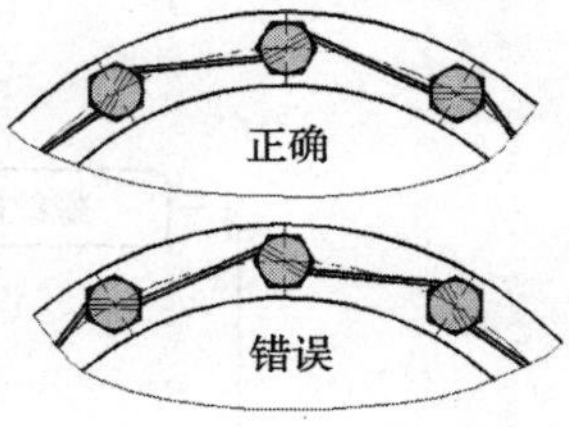 正确 错误 螺栓头部钻有小孔，将钢丝穿入小孔并盘紧，以防止螺栓松脱，但要注意，钢丝盘绕的方向应是螺栓旋紧的方向
破坏螺纹副运动关系防松	焊接防松 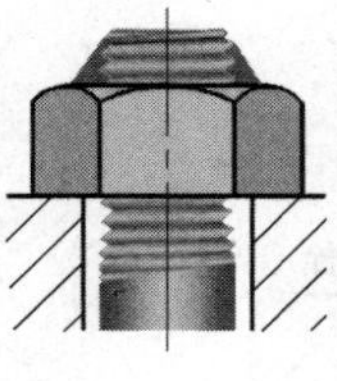 拧紧螺母后，将螺母和螺栓焊接在一起。防松可靠，但拆卸困难，且拆后螺纹连接件不能再使用。用于不拆卸的场合	铆接防松 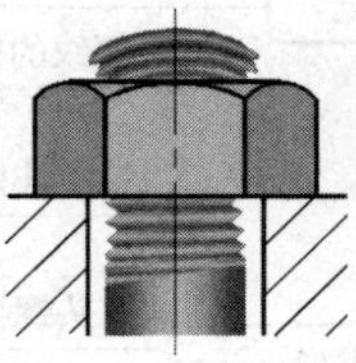 螺栓杆末端外露（1.0~1.5）P长度，拧紧螺母后将螺栓铆死。用于低强度、不拆卸的场合	粘接防松 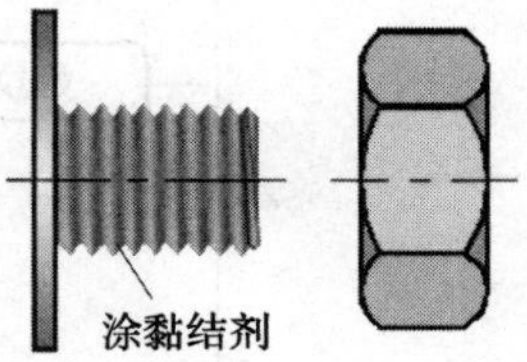 涂黏结剂 在旋合螺纹间涂黏结剂，使螺纹副旋紧后粘接在一起。防松可靠，且有密封作用。应根据使用场合选用适当的黏结剂。用于不拆卸的场合

知识总结

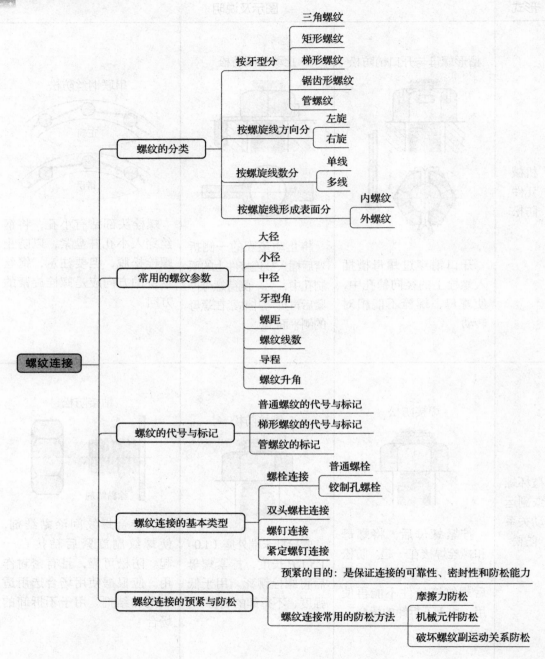

课题三 轴

学习目标

1. 了解轴的作用、分类及结构组成。
2. 掌握轴上零件的定位和固定方法。

相关知识

一、轴的作用及分类

1. 轴的作用

轴的主要作用是支撑回转零件（如齿轮、带轮等），传递运动和动力。

2. 轴的分类

（1）根据几何轴线形状的不同

轴可分为直轴、曲轴（图3-3-1）和挠性轴（图3-3-2）。直轴是最基本的一种轴，按形状可分为光轴（图3-3-3）和阶梯轴（图3-3-4）两种；曲轴可用来传递往复运动，在内燃机、空气压缩机中应用比较广泛；挠性轴可将旋转运动灵活地传到所需要的任何位置。

图3-3-1 曲轴

图3-3-2 挠性轴

图3-3-3 光轴

图3-3-4 阶梯轴

（2）按载荷性质

轴可分为转轴、心轴和传动轴三种。工作中既承受弯矩又承受转矩的轴称为转轴
（图3-3-5）；工作中只承受弯矩不承受转矩的轴称为心轴（图3-3-6），心轴又可分为
转动心轴和固定心轴；传动轴（图3-3-7）主要承受转矩，不承受弯矩或能承受较小的
弯矩。

图 3-3-5　转轴（变速器中的轴）

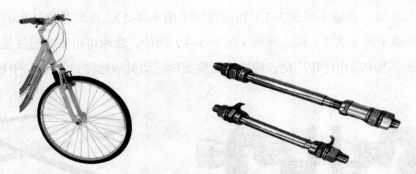

图 3-3-6　心轴（如自行车前轮轴）

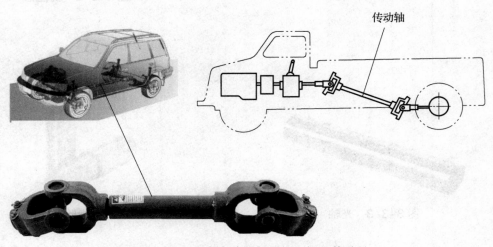

图 3-3-7　汽车变速器与后桥之间的传动轴

二、轴的组成

如图 3-3-8 所示，轴主要由轴颈、轴头和轴身三部分组成。装配轴承的部分称为轴颈；装配回转零件的部分称为轴头；连接轴头和轴颈的部分称为轴身。用作零件轴向固定的台阶部分称为轴肩，环形部分称为轴环。轴颈和轴头的端部应均有倒角。

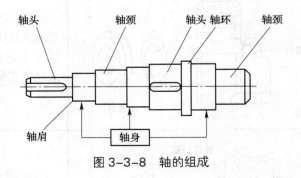

图 3-3-8 轴的组成

三、轴上零件的定位和固定

1. 轴上零件的轴向定位和固定

为确定轴上零件的轴向位置，防止轴上零件沿轴向移动，应对它们进行轴向定位和固定。常用的轴向定位和固定方法有轴肩和轴环定位、套筒定位、圆螺母和止动垫圈定位、弹性挡圈定位、轴端挡圈固定等。此外，轴承端盖也常用来做整个轴的轴向定位。常用的轴向定位和固定方法的应用特点见表 3-3-1。

表 3-3-1 常用的轴向定位和固定方法

轴向定位和固定方法	图例	应用特点
轴肩和轴环		结构简单，定位准确，能承受较大的轴向力，应用广泛
套筒		结构简单，定位可靠；适用于零件间的距离较短，转速不高的轴

续表

轴向定位和 固定方法	图例	应用特点
圆螺母和 止动垫圈	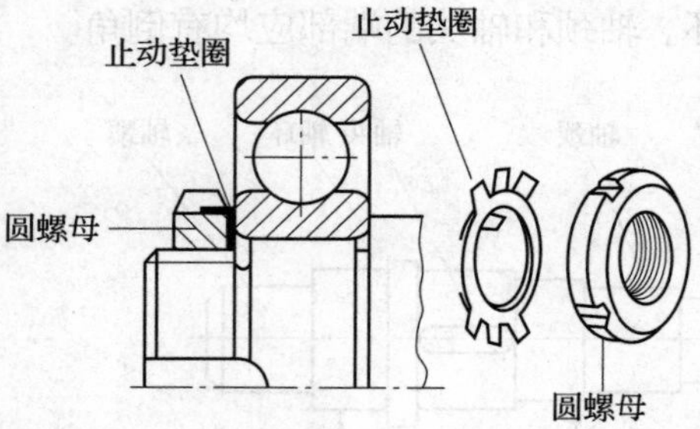	固定可靠，拆装方便，可承受较大的轴向力；圆螺母固定适用于无法采用套筒，而轴上又允许车制螺纹时
弹性挡圈	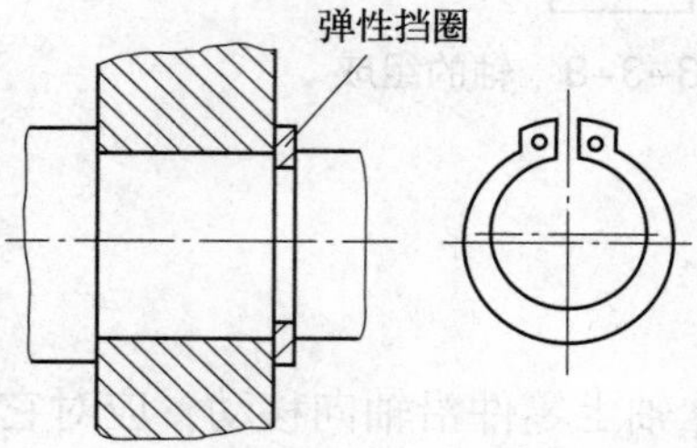	结构简单、紧凑，但承受的轴向力较小；常用于滚动轴承的轴向固定或轴上中间零件的轴向固定
轴端挡圈	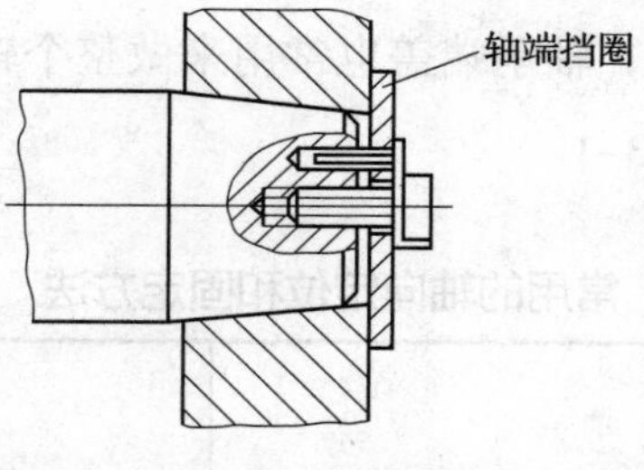	结构简单，工作可靠，能承受冲击载荷，有消除间隙的作用；主要用于对中精度要求较高，有振动和冲击的轴端零件的轴向固定

2. 轴上零件的周向固定

周向固定的目的主要是为了传递转矩和防止零件与轴产生相对转动，一般采用键连接、销连接、紧定螺钉等连接方式，见表3-3-2。

表3-3-2　常用的周向固定方法

周向固定方法	图　例
键连接	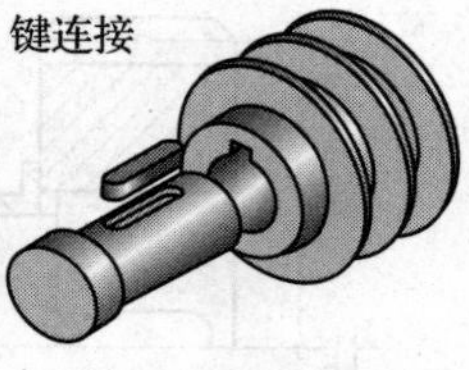

周向固定方法	图　　例
销连接	
紧定螺钉连接	

四、对轴的结构的一般要求

1. 为便于零件的装拆，轴端应有 45° 的倒角，如图 3-3-9 所示；零件装拆时所经过的各段轴径都要小于零件的孔径。

2. 轴肩或轴环定位时，其高度必须小于轴承内圈端部的厚度，以便于拆装，如图 3-3-10 所示。

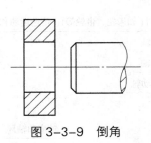

图 3-3-9　倒角

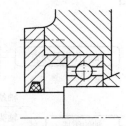

图 3-3-10　定位高度的要求

3. 用套筒、圆螺母、轴端挡圈做轴向定位时，一般装配零件的轴头长度应比零件的轮毂长度短 2～3 mm，以确保套筒、圆螺母或轴端挡圈能靠紧零件端面，如图 3-3-11 所示。

4. 轴上有两个以上键槽时，应布置在同一条母线上，以便于加工，如图 3-3-12 所示。

图 3-3-11　定位长度的要求

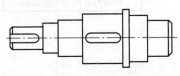

图 3-3-12　键槽的布置

5. 轴上磨削的轴段和车制螺纹的轴段，应分别留有砂轮越程槽（图3-3-13）和螺纹退刀槽（图3-3-14），且后轴段的直径小于轴颈处的直径，以减少应力集中，提高疲劳强度。

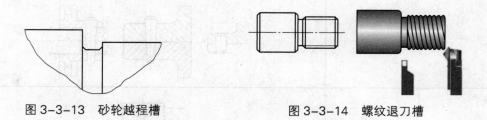

图3-3-13　砂轮越程槽　　　　　图3-3-14　螺纹退刀槽

6. 装配段不宜太长，如图3-3-15所示。

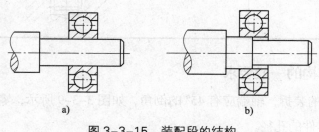

a)　　　　　　　　b)

图3-3-15　装配段的结构
a）不合理　b）合理

⚡ 知识总结

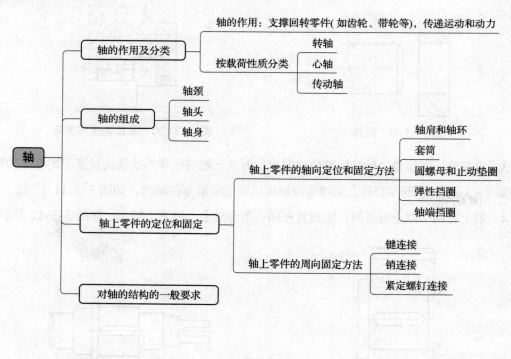

课题四 轴 承

学习目标

1. 了解滑动轴承的类型及结构。
2. 掌握滚动轴承的类型、代号、应用特点和选用。

相关知识

一、轴承的作用及分类

1. 作用

轴承的作用是支撑转动的轴及轴上零件，保持轴的旋转精度，减少轴与轴座间的摩擦和磨损。

2. 类型

按摩擦性质的不同，轴承可分为滑动轴承（图3-4-1）和滚动轴承（图3-4-2）。最常使用的是滚动轴承，滑动轴承一般在内燃机、汽轮机、机床等方面应用较为广泛。

图 3-4-1 滑动轴承

图 3-4-2 滚动轴承

二、滚动轴承

1. 滚动轴承的结构

滚动轴承一般由内圈、外圈（带有滚道）、滚动体、保持架等组成，如图3-4-3所示。常用的滚动体形状有球、圆柱滚子、圆锥滚子、球面滚子和滚针滚子，如图3-4-4所示，滚动体可呈单列或双列排列。保持架的作用是使滚动体等距分布，避免滚动体相互接触，改变轴承内部的载荷分配，其有冲压式和实体式两种。

图 3-4-3 滚动轴承的结构
1—滚动体 2—保持架
3—轴承外圈 4—轴承内圈

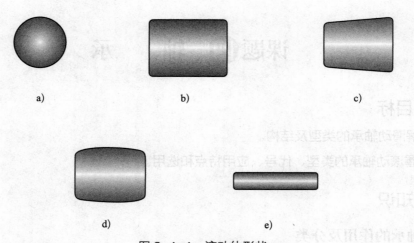

图 3-4-4 滚动体形状

a）球 b）圆柱滚子 c）圆锥滚子 d）球面滚子 e）滚针

2. 滚动轴承的特点

（1）优点

1）启动力矩小，可在负载下启动。

2）径向游隙较小，运动精度高。

3）轴向宽度较小。

4）可同时承受径向、轴向载荷。

5）便于密封，易于维护。

6）是标准件，成本低。

（2）缺点

1）承受冲击载荷能力差。

2）振动、噪声较大。

3）径向尺寸较大。

4）有些场合无法使用。

3. 轴承的基本参数

（1）游隙

内、外圈和滚动体之间存在一定的间隙，因此内、外圈之间可以有相对位移，其最大位移称为游隙。按位移方向，游隙可分为径向游隙和轴向游隙，如图 3-4-5 所示。

游隙是轴承的重要参数，影响着轴承的载荷分布、振动、噪声和使用寿命，应结合使用条件，进行合理选择或调整。

（2）接触角

滚动体与外圈滚道接触点的法线与轴承径向间的夹角称为接触角 α，如图 3-4-6 所示。

轴承静止且不受载荷作用的接触角称为公称接触角。接触角 α 越大，轴承承受轴向载荷的能力也越大。

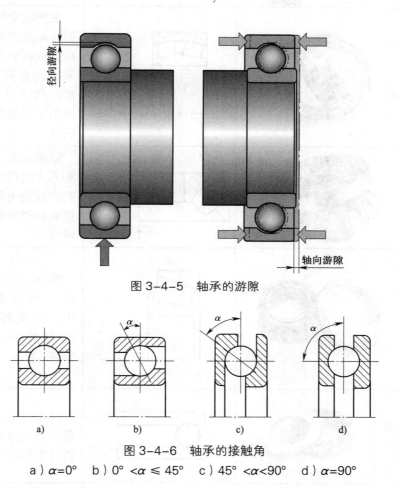

图 3-4-5 轴承的游隙

图 3-4-6 轴承的接触角

a）$\alpha=0°$ b）$0°<\alpha\leqslant 45°$ c）$45°<\alpha<90°$ d）$\alpha=90°$

4. 滚动轴承的主要类型及其特性

为满足各种不同的工况条件要求，滚动轴承有多种不同的类型，常用滚动轴承的类型及特性见表 3-4-1。

表 3-4-1 常用滚动轴承的类型及特性

轴承名称	结构图	简图及承载方向	基本特性
调心球轴承（GB/T 281—2013）			主要承受径向载荷，同时可承受少量双向轴向载荷。外圈内滚道为球面，能自动调心，允许有少量角偏差。适用于弯曲刚度小的轴

轴承名称	结构图	简图及承载方向	基本特性
调心滚子轴承（GB/T 288—2013）			主要承受径向载荷，同时可承受少量双向轴向载荷，承载能力比调心球轴承大。具有自动调心性能，允许有少量角偏差。适用于重载和冲击载荷的场合
推力调心滚子轴承（GB/T 5859—2023）			能承受很大的轴向载荷和不大的径向载荷，允许有少量的角偏差。适用于重载和要求调心性能好的场合
圆锥滚子轴承（GB/T 297—2015）			能同时承受较大的径向载荷和轴向载荷。内、外圈可分离，通常成对使用，对称布置安装
推力球轴承（GB/T 301—2015）	单向		只能承受单向轴向载荷，适用于轴向载荷大、转速不高的场合
	双向		可承受双向轴向载荷，适用于轴向载荷大、转速不高的场合
深沟球轴承（GB/T 276—2013）			主要承受径向载荷，也可同时承受少量双向轴向载荷。摩擦阻力小，极限转速高，结构简单，价格便宜，应用最广泛

轴承名称	结构图	简图及承载方向	基本特性
角接触球轴承（GB/T 292—2007）		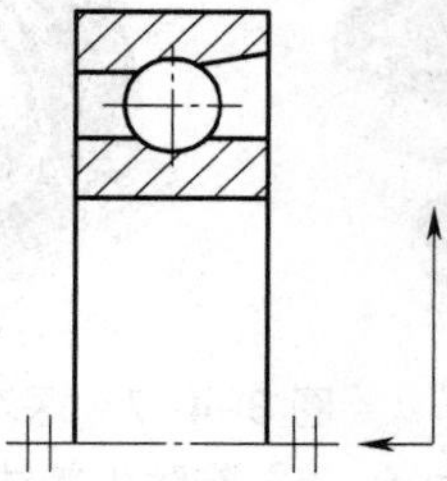	能同时承受径向载荷和轴向载荷。适用于转速较高，同时承受径向载荷和轴向载荷的场合
推力圆柱滚子轴承（GB/T 4663—2017）		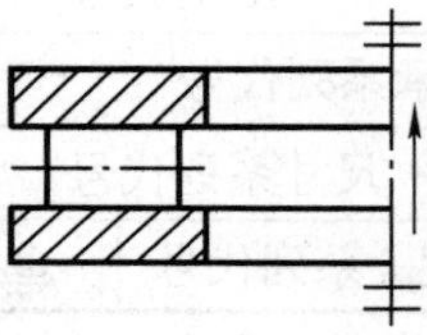	能承受很大的单向轴向载荷，承载能力比推力球轴承大得多，不允许有角偏差
圆柱滚子轴承（GB/T 283—2021）		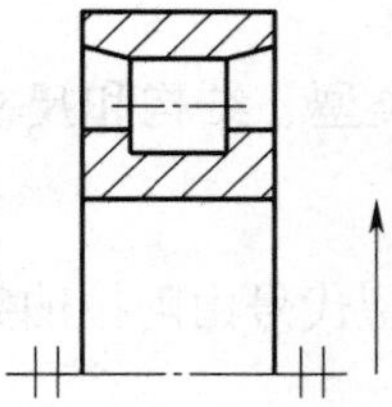	有内圈无挡边、外圈无挡边、内圈单挡边、外圈单挡边等多种形式，图示为外圈无挡边圆柱滚子轴承，它只能承受纯径向载荷。与球轴承相比，承受载荷的能力较大，尤其是承受冲击载荷的能力大，但极限转速较低

5. 滚动轴承的代号

滚动轴承的类型很多，同一类型的轴承又有各种不同的结构、尺寸、公差等级和技术性能等。如最常用的深沟球轴承，在尺寸方面有大小不同的内径、外径和宽度（图3-4-7a），在结构上有带防尘盖的轴承（图3-4-7b）和外圈上有止动槽的轴承（图3-4-7c）等。为了完整地反映滚动轴承的外形尺寸、结构及性能参数等，国家标准规定可用大写拉丁字母和阿拉伯数字按一定规律排列组成的代号来表示轴承的结构类型、尺寸、材质、技术要求等特征，其具体内容见表3-4-2。

图 3-4-7　深沟球轴承

a）不同尺寸的轴承　b）带防尘盖结构　c）外圈上有止动槽结构

表 3-4-2　滚动轴承代号的组成

前置代号	基本代号				后置代号
	轴承系列代号			内径代号	
	类型代号	尺寸系列代号			
		宽度（或高度）系列代号	直径系列代号		

注：国家标准对滚针轴承的基本代号另有规定。

滚动轴承代号由前置代号、基本代号和后置代号三部分构成，其中基本代号是滚动轴承代号的核心。

（1）基本代号

基本代号表示轴承的基本类型、结构和尺寸，一般由轴承类型代号、尺寸系列代号和内径代号组成。

1）轴承类型代号。轴承类型代号由阿拉伯数字或大写拉丁字母表示，见表 3-4-3。

表 3-4-3　轴承类型代号

类型代号	轴承类型	类型代号	轴承类型
0	双列角接触球轴承	6	深沟球轴承
1	调心球轴承	7	角接触球轴承
2	调心滚子轴承和推力调心滚子轴承	8	推力圆柱滚子轴承
3	圆锥滚子轴承	N	圆柱滚子轴承，双列或多列用字母 NN 表示
4	双列深沟球轴承	U	外球面球轴承
5	推力球轴承	QJ	四点接触球轴承

2）尺寸系列代号。尺寸系列代号由两位数字组成，前一位数字为宽（高）度系列代号，后一位数字为直径系列代号。

①宽（高）度系列代号。宽（高）度系列代号表示内、外径相同而宽（高）度不同的轴承系列。对于向心轴承用宽度系列代号，代号有8、0、1、2、3、4、5、6，其宽度尺寸依次递增；对于推力轴承用高度系列代号，代号有7、9、1、2，其高度尺寸依次递增。以圆锥滚子轴承为例的宽度系列代号的宽度尺寸变化如图3-4-8所示。

②直径系列代号。直径系列代号表示内径相同而具有不同外径的轴承系列。代号有7、8、9、0、1、2、3、4、5，其外径尺寸按序由小到大排列。以深沟球轴承为例的直径系列代号的直径尺寸变化如图3-4-9所示。

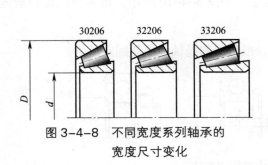

图3-4-8　不同宽度系列轴承的
宽度尺寸变化

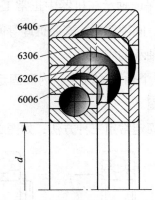

图3-4-9　不同直径系列轴承的
直径尺寸变化

3）内径代号。轴承内径代号一般由两位数字表示，并紧接在尺寸系列代号之后注写。内径 $d \geqslant 10$ mm 的滚动轴承内径代号见表3-4-4。

表3-4-4　内径 $d \geqslant 10$ mm 的滚动轴承内径代号

内径代号（两位数）	00	01	02	03	04～96
轴承内径 /mm	10	12	15	17	代号 ×5

注：内径为22、28、32以及 $\geqslant 500$ mm 的轴承，内径代号直接用内径毫米数表示，但标注时与尺寸系列代号之间要用"/"分开。例如深沟球轴承62/22的内径 $d=22$ mm。

（2）前置代号和后置代号

前置代号和后置代号是滚动轴承代号的补充，只有在滚动轴承的结构形状、尺寸、公差等级、技术要求等有所改变时才使用，一般情况下可部分或全部省略。

（3）滚动轴承代号示例

滚动轴承代号表示方法示例如下。

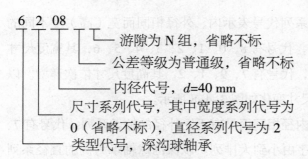

游隙为 N 组，省略不标
公差等级为普通级，省略不标
内径代号，d=40 mm
尺寸系列代号，其中宽度系列代号为
0（省略不标），直径系列代号为 2
类型代号，深沟球轴承

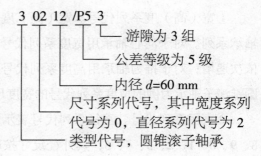

游隙为 3 组
公差等级为 5 级
内径 d=60 mm
尺寸系列代号，其中宽度系列
代号为 0，直径系列代号为 2
类型代号，圆锥滚子轴承

6. 轴承的固定、间隙调整及安装拆卸

为了保证轴承在机器中正常工作，除正确选用轴承的类型尺寸外，还必须解决轴承的轴向固定、间隙调整、安装拆卸等问题。

（1）轴承的固定

1）单个轴承的固定。内圈固定常用四种方法，如图 3-4-10 所示，最常用的是轴肩固定轴承内圈。

外圈固定常用三种方法，如图 3-4-11 所示，最常用的是轴承端盖固定外圈。

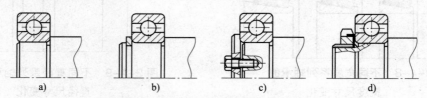

图 3-4-10　轴承内圈固定方法

a）轴承所承受的轴向力较小，用轴肩固定

b）轴承所承受的轴向力不大，用轴肩、弹性挡圈固定

c）轴承所承受的轴向力较大，用轴肩、轴端挡圈与螺栓固定

d）轴承所承受的轴向力较大，用轴肩、圆螺母与止动垫圈固定

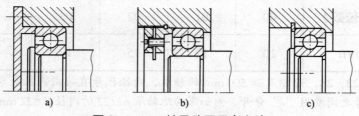

图 3-4-11　轴承外圈固定方法

a）轴承所承受的轴向力较大，用轴承端盖固定

b）轴承所承受的轴向力较大，用轴承端盖、座孔台阶固定

c）轴承所承受的轴向力较小，用弹性挡圈、座孔台阶固定

2）轴承组合的固定。可分为双支点单向固定和单支点双向固定。

双支点单向固定（图 3-4-12）的特点是轴承内、外圈均为单向固定，一般适用于短轴、温度不高的场合。考虑到轴受热会伸长，因此，应在轴和轴承一端留有间隙。

单支点双向固定的特点是一个轴承内、外圈皆双向固定（称为固定端），另一轴承内圈双向固定，外圈不固定（称为游动端），又称一端固定，一端游动。一般适用于长轴、工作温度较高的场合。

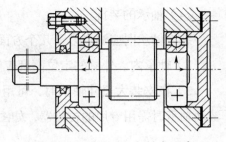

图 3-4-12　双支点单向固定

（2）轴承组合的调整

1）轴承与轴承盖间的间隙。一般加调整垫片或调整螺钉来进行调整，如图 3-4-13 所示。

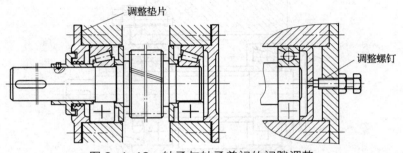

图 3-4-13　轴承与轴承盖间的间隙调整

2）轴承的预紧。轴承预紧的目的是提高轴承的精度和刚度，以满足机器的要求。在安装轴承时要加一定的轴向预紧力，消除轴承内部游隙，并使内、外圈与滚动体产生预变形，使其承受外载后仍不出现游隙，这种方法称为预紧。预紧的方法有两种，一是在一对轴承内、外圈之间加金属垫片，二是磨窄内、外圈，如图 3-4-14 所示。

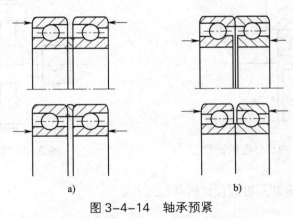

a)　　　　　　　　　b)

图 3-4-14　轴承预紧
a）加金属垫片　b）磨窄内、外圈

3）轴承组合位置的调整。锥齿轮正确啮合的条件是锥顶重合，如果不重合，应增减调整位置的调整垫片数量，如图 3-4-15 所示。

（3）轴承的配合

轴承的内圈与轴采用基孔制，外圈与座孔采用基轴制。选择配合前应先计算当量动载荷与基本额定动载荷的比值，判断载荷的大小，然后查表确定轴承的配合。

（4）轴承的装拆

装拆轴承时应注意以下几个方面。

1）轴承内、外圈的定位高度应低于内、外圈的高度，如图 3-4-16 所示。

2）在安装大尺寸轴承时，可用压力机在内圈上施加压力，将轴承压套在轴颈上。拆卸滚动轴承时需用专用的拉拔器，如图 3-4-17 所示。

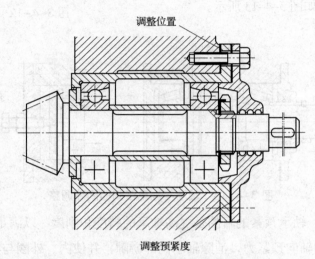

图 3-4-15　轴承组合位置的调整

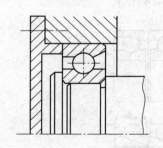

图 3-4-16　轴承内、外圈的定位

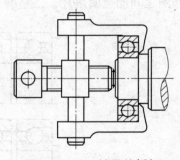

图 3-4-17　轴承的拆卸

3）轴承外圈应留拆卸高度或设计拆卸螺纹孔。

4）其他注意事项

①轴承内圈半径 R 大于轴肩处半径 r。

②轴承定位高度不宜过高。

③安装轴承的轴段不宜过长，使轴承易装拆。

三、滑动轴承

滑动轴承是指仅发生滑动摩擦的轴承，其基本结构包括轴瓦和轴承座。滑动轴承主要用于滚动轴承难以满足工作要求的场合，如高转速、长使用寿命、低摩擦阻力、承受大的冲击载荷、低噪声和无污染等场合（如四冲程发动机主轴承、连杆轴承等）。

1. 滑动轴承的类型

按承载方向不同分类，滑动轴承可分为径向滑动轴承（承受径向载荷）、止推滑动轴承（承受轴向载荷）两大类。

2. 滑动轴承的结构

滑动轴承由轴承座和轴瓦组成。轴承座多用钢或铸铁等强度较高的材料制成，轴瓦用铜合金、铝合金或轴承合金等减摩材料制成。

（1）整体式径向滑动轴承

图 3-4-18 所示为常见的整体式径向滑动轴承，其由轴承座、整体轴瓦、紧定螺钉和油杯等组成，轴瓦上开有油孔，轴瓦内表面上开有油槽，润滑油通过油孔和油槽进入轴承间隙。

整体式径向滑动轴承结构简单，制造方便，刚度较大；缺点是轴瓦磨损后间隙无法调整，轴颈只能从端部装入。因此，它仅适用于轴颈不大、低速轻载的机械。

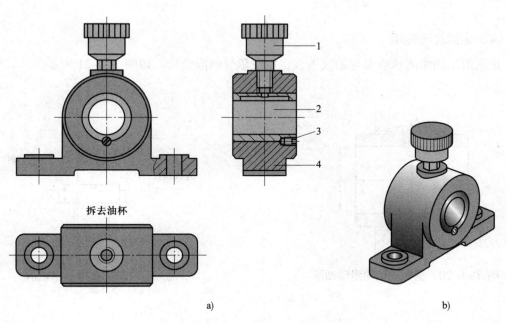

拆去油杯

a)   b)

图 3-4-18　整体式径向滑动轴承

1—油杯　2—整体轴瓦　3—紧定螺钉　4—轴承座

（2）对开式径向滑动轴承

对开式径向滑动轴承（图 3-4-19）由轴承盖、轴承座、对开式轴瓦和连接螺栓等组成。为了安装时轴承盖和轴承座之间准确定位，轴承盖和轴承座的剖分面上常做成阶梯形。多数轴承剖分面为水平剖分，也有斜剖分的，剖分面不平行于底面，以适应载荷方向或安装、调整方面的要求。

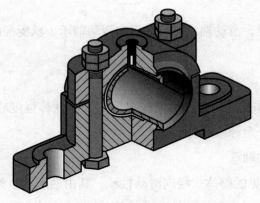

图 3-4-19　对开式径向滑动轴承

（3）调心式径向滑动轴承

如图 3-4-20 所示为调心式径向滑动轴承，其轴瓦可在轴承座的球面内摆动，自动适应轴线方向的变化。若轴的刚度较差或轴承座的安装精度较差，可采用调心式径向滑动轴承。

（4）止推滑动轴承

止推滑动轴承的承载面与轴线垂直，用以承受轴向载荷，如图 3-4-21 所示。

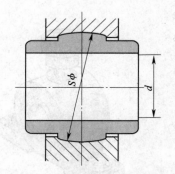

图 3-4-20　调心式径向滑动轴承

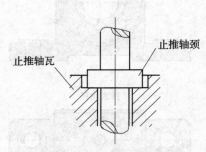

图 3-4-21　止推滑动轴承

知识总结

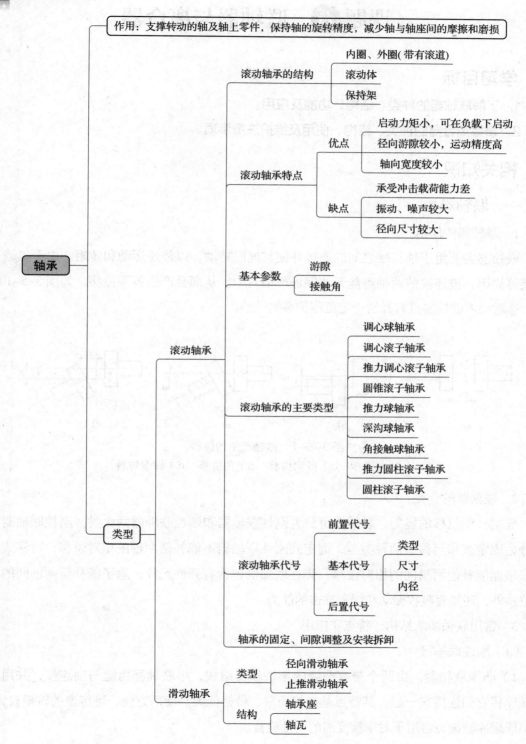

作用：支撑转动的轴及轴上零件，保持轴的旋转精度，减少轴与轴座间的摩擦和磨损

轴承

滚动轴承的结构
- 内圈、外圈(带有滚道)
- 滚动体
- 保持架

滚动轴承特点
- 优点
  - 启动力矩小，可在负载下启动
  - 径向游隙较小，运动精度高
  - 轴向宽度较小
- 缺点
  - 承受冲击载荷能力差
  - 振动、噪声较大
  - 径向尺寸较大

基本参数
- 游隙
- 接触角

类型

滚动轴承

滚动轴承的主要类型
- 调心球轴承
- 调心滚子轴承
- 推力调心滚子轴承
- 圆锥滚子轴承
- 推力球轴承
- 深沟球轴承
- 角接触球轴承
- 推力圆柱滚子轴承
- 圆柱滚子轴承

滚动轴承代号
- 前置代号
- 基本代号
  - 类型
  - 尺寸
  - 内径
- 后置代号

轴承的固定、间隙调整及安装拆卸

滑动轴承
- 类型
  - 径向滑动轴承
  - 止推滑动轴承
- 结构
  - 轴承座
  - 轴瓦

课题 五 联轴器与离合器

学习目标

1. 了解联轴器的种类、结构、功能及应用。
2. 掌握离合器的种类、结构、使用及维护注意事项。

相关知识

一、联轴器

1. 联轴器的作用

联轴器主要用于轴与轴之间的连接并使其同时转动，以传递运动和转矩。由于制造及安装等原因，被连接的两轴可能无法保证严格对中，从而会产生各种位移，如图 3-5-1 所示，这就要求联轴器具有补偿一定范围位移的性能。

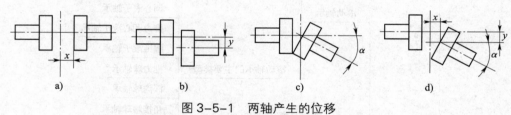

图 3-5-1 两轴产生的位移

a）轴向位移　b）径向位移　c）角位移　d）综合位移

2. 联轴器的分类

根据补偿位移的能力，联轴器可分为刚性联轴器和弹性联轴器两大类。刚性联轴器又可分为固定式和可移式两种类型，固定式刚性联轴器不能补偿两轴的相对位移；可移式刚性联轴器能补偿两轴间的相对位移。弹性联轴器包含有弹性元件，除了能补偿两轴间的相对位移外，还具有吸收振动和缓和冲击的能力。

3. 常用联轴器的结构、特点和应用

（1）刚性联轴器

1）凸缘联轴器。由两个带有凸缘的半联轴器组成，半联轴器用键与轴连接，并用一组螺栓将它们连接在一起，其特点是结构简单、价格低廉、使用方便、可传递的转矩较大，但不能缓冲减振，常用于对中精度高的两轴连接。

2）套筒联轴器。套筒联轴器结构简单，成本低，径向尺寸小，在机床中应用广泛。套筒与轴之间常用圆锥销连接或平键连接，如图 3-5-2 所示。

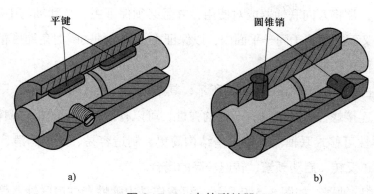

平键

圆锥销

a)   b)

图 3-5-2 套筒联轴器

a）用平键连接套筒和轴 b）用圆锥销连接套筒和轴

（2）可移式联轴器

可移式联轴器利用工作零件的相对滑动来补偿两轴间的位移。

1）滑块联轴器。如图 3-5-3 所示，由两个半联轴器和一个中间圆盘所组成。中间圆盘两端的凸块相互垂直，并分别与两半联轴器的凹槽相嵌合，凸块的中线通过圆盘中心。由于滑块能在凹槽中滑动，因此可补偿安装及运转时两轴间的偏移。这种联轴器结构简单，尺寸紧凑，适用于功率小、转速高且无剧烈冲击的场合。

2）齿轮联轴器。如图 3-5-4 所示，由两个具有外齿的半联轴器和两个具有内齿的外壳组成，内、外齿数相等，工作时靠啮合来传递运动和转矩。轮齿间留有较大的间隙并且外齿的齿顶制成球形，能补偿两轴的综合位移。齿轮联轴器的特点是能传递很大的转矩，但质量较大、结构较复杂、制造较困难，在重型机器和起重设备中应用较广。

图 3-5-3 滑块联轴器

图 3-5-4 齿轮联轴器

3）万向联轴器。如图 3-5-5 所示，由两个分别固定在主、从动轴上的叉形接头和一个十字形零件（十字轴）组成，叉形接头和十字轴是铰接的。用万向联轴器连接的两轴，当一轴位置固定时，另一轴可向任意方向旋转，且不影响机器的正常运转。万向联轴器多应用于汽车的传动系统中。这种联轴器的缺点是当两轴夹角不等于零时，会引起附加动载荷，为消除附加载荷，常将万向联轴器成对使用，并且必须保证主、从动轴与中间轴夹角相等，而且中间轴的两叉面必须位于同一平面内，以保证主、从动轴的瞬时角速度相等。

（3）弹性可移式联轴器

1）弹性套柱销联轴器。如图3-5-6所示，其结构与凸缘联轴器相似，只是用套有弹性套的柱销代替了连接螺栓，柱销具有一定的弹性，可以补偿两轴间的相对偏移且具有缓冲、减振的性能。弹性可移式联轴器的特点是结构简单、制造容易、无需润滑、弹性套更换方便，适用于经常正反转、启动频繁、转速较高的场合。

2）弹性柱销联轴器。如图3-5-7所示，可看作是由弹性套柱销联轴器简化而成，即采用尼龙柱销代替弹性套和金属柱销，为了防止柱销滑出，在柱销两端配置挡圈。其特点是结构简单，拆装方便，耐磨性好，也有吸振和补偿轴向位移的能力。常用于轴向位移较大、经常正反转、启动频繁、转速较高的场合，可代替弹性套柱销联轴器。

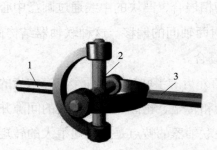

图3-5-5　万向联轴器
1—主动轴　2—十字轴　3—从动轴

图3-5-6　弹性套柱销联轴器

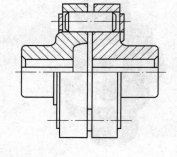

图3-5-7　弹性柱销联轴器

4. 联轴器的使用与维护注意事项

（1）应严格控制联轴器的安装误差。

（2）注意检查所连接两轴运转后的对中情况，其相对位移不应大于许用补偿量。

（3）对有润滑要求的联轴器，要定期检查润滑油的油量、油质，必要时应予以补充或更换。

（4）对于高速旋转机械上的联轴器，要进行动平衡试验，并按标记组装。

二、离合器

离合器是一种在机器运转过程中，可使两轴随时接合或分离的装置。常用的离合器有啮合式和摩擦式两大类。

1. 啮合式离合器

啮合式离合器主要由端面带齿的两个半离合器组成，工作时半离合器做轴向移动，实现离合器的接合或分离，如图 3-5-8 所示。其特点是结构简单、外廓尺寸小、接合后两半离合器没有相对滑动，但只允许在两轴的转速差较小或相对静止的情况下啮合，否则会发生冲击，影响使用寿命。

2. 摩擦式离合器

摩擦式离合器主要靠接触面间的摩擦来传递转矩，在汽车上应用非常广泛。

（1）单片摩擦式离合器

如图 3-5-9 所示为膜片弹簧离合器（单片摩擦式离合器）的结构。

1）接合状态。膜片弹簧将压盘及飞轮压紧从动盘，发动机的转矩经飞轮及压盘通过摩擦面的摩擦力矩传至从动盘。

2）分离过程。踩下离合器踏板，膜片弹簧下端左移，压盘右移，从动盘与飞轮、压盘分离，摩擦力消失，从而中断动力传动。

图 3-5-8 啮合式离合器

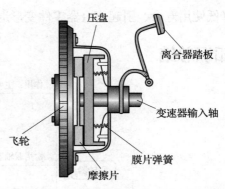

图 3-5-9 单片摩擦式离合器的结构

（2）多片摩擦式离合器

多片摩擦式离合器的结构如图 3-5-10 所示，其主要应用在自动变速器上，用于连接轴和行星齿轮机构中的元件或是连接行星齿轮机构中的不同元件。

1）离合器接合。当压力油经油道进入活塞左侧的液压缸时，液压力克服弹簧力使活塞右移，将摩擦片压紧。

2）离合器分离。当控制阀将作用在离合器液压缸的压力撤除后，离合器活塞在回位弹簧的作用下恢复原位，并将缸内的变速器油排出。

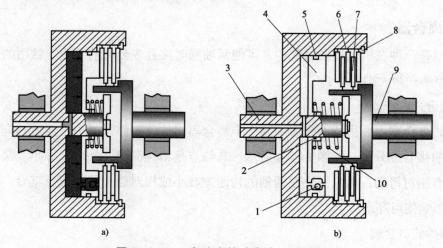

图3-5-10　多片摩擦式离合器的结构

a）接合　b）分离

1—单向阀　2—密封圈　3—输入轴　4—活塞　5—密封圈　6—钢片

7—摩擦片　8—卡环　9—输出轴　10—回位弹簧

3. 离合器的使用与维护注意事项

（1）应定期检查离合器操纵杆的行程，主、从动片之间的间隙，摩擦片的磨损程度，必要时予以更换。

（2）摩擦式离合器在工作时，不得有打滑或分离不彻底的现象，否则将加速摩擦片磨损、降低使用寿命、引起离合器零件变形退火等。

⚡ 知识总结

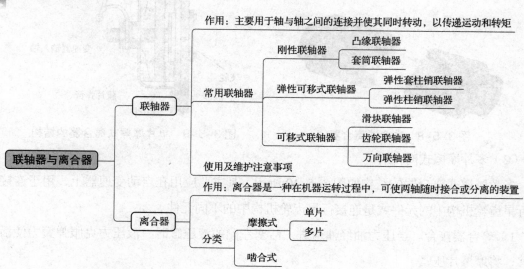

课题 六 弹 簧

学习目标

1. 了解弹簧的作用和类型。

2. 了解圆柱螺旋弹簧的参数及结构。

3. 了解弹簧的使用注意事项。

相关知识

一、弹簧的类型及作用

1. 弹簧的类型（表 3-6-1）

表 3-6-1 弹簧的类型

类型	承载方式	图示	应用
拉伸弹簧	承受拉力	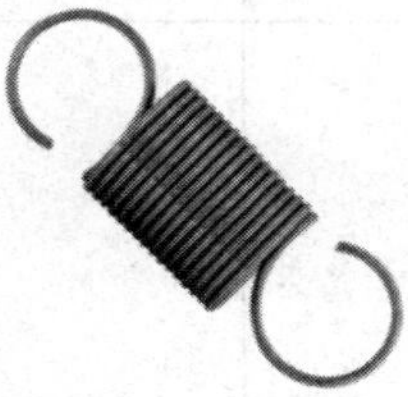	 用于制动蹄等的回位弹簧
压缩弹簧	承受压力		 用于汽车车轮的减振、离合器压盘的压紧、气门弹簧等
扭杆弹簧	承受扭转变形	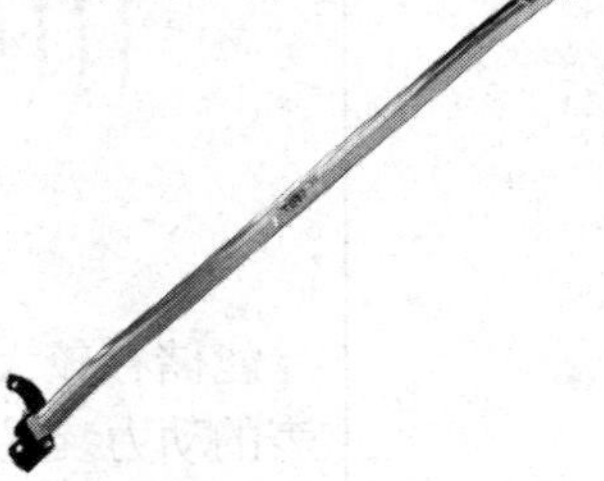	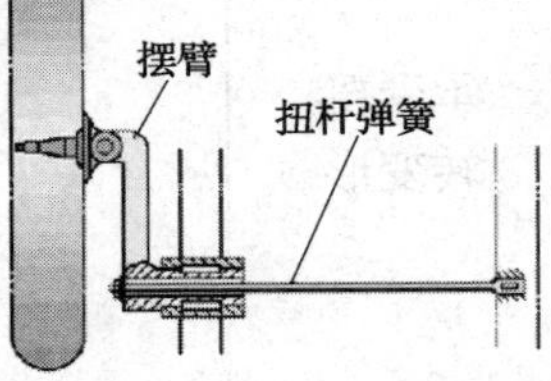 汽车车架与车轮之间的减振部件，主要用于小型轿车

类型	承载方式	图示	应用
弯曲弹簧	承受压力		 汽车车架与车轮之间的减振部件，主要用于载货汽车
环形弹簧	承受压力	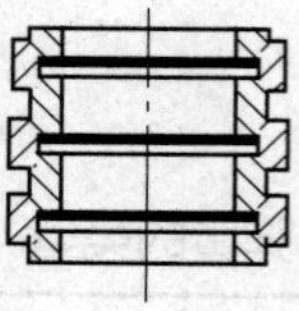	 可承受较大的压力，缓冲能力很强，常用于重型机械的缓冲装置
碟形弹簧	承受压力	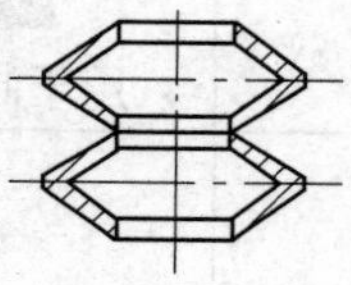	 缓冲及减振能力强，制造、维修方便，主要用于重型机械的缓冲和减振装置
盘簧	承受扭转变形	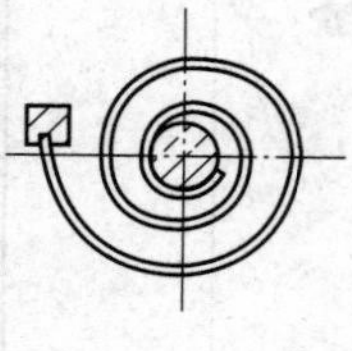	 能储存较大的能量，用于钟表及仪表的动力装置

续表

类型	承载方式	图示	应用
扭转弹簧	承受扭转变形		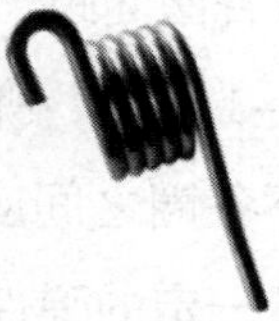 主要用于机械装置的压紧和储能

螺旋弹簧是用弹簧丝卷绕制成的，制造简便，应用最广泛。在一般机械中，最常用的是圆柱螺旋弹簧。

2. 弹簧的作用

（1）控制机构的运动

如制动器、离合器中的控制弹簧，内燃机气门弹簧等。

（2）减振和缓冲

如汽车、火车车厢下的减振弹簧等。

（3）储存及输出能量

如钟表弹簧等。

（4）测量力的大小

如测力器和弹簧秤中的弹簧等。

二、圆柱螺旋弹簧的参数及结构

1. 圆柱螺旋弹簧的参数

（1）丝径

弹簧丝的直径，螺旋弹簧的主要特性取决于丝径的大小。

（2）外径

螺旋弹簧丝外部的直径，测量外径比较方便，也容易识别尺寸。

（3）圈数

1）总圈数。包括弹簧两座端的圈数。

2）有效圈数。弹簧两座端制成平形或其他开闭口等形式，因此，不含两座端部分称为有效圈数。

（4）节距（导程）

一圈螺旋弹簧线的头、尾两端在轴线上的变动距离。

（5）自由长度

弹簧两端没有施加任何外力时的长度值。

2. 圆柱螺旋压缩弹簧

（1）弹簧各圈间距

如图 3-6-1 所示，弹簧的节距为 P；弹簧丝的直径为 d；在自由状态下各圈之间应有适当的间距 δ。为了使弹簧在压缩后仍能保持一定的弹性，应保证在最大载荷作用下，各圈之间仍具有一定的间距 δ_1，一般 $\delta_1=0.1d \geqslant 0.2 \text{ mm}$。

（2）支撑圈

弹簧的两个端面圈与邻圈并紧（无间隙），只起支撑作用，不参与变形，因此称为支撑圈。当弹簧的工作圈数 $n \leqslant 7$ 时，弹簧每端的支撑圈约为 0.75 圈；当 $n>7$ 时，每端的支撑圈为 1～1.75 圈。

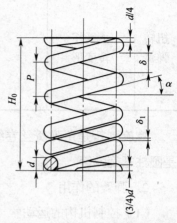

图 3-6-1　螺旋弹簧各圈间距

（3）端部结构形式

端面圈均与邻圈并紧。

3. 圆柱螺旋拉伸弹簧

（1）端部挂钩形式

如图 3-6-2 所示，拉伸弹簧为了便于连接、固定及加载，两端制有挂钩。

（2）有预应力的拉伸弹簧

圆柱螺旋拉伸弹簧空载时，各圈应相互并拢。

4. 螺旋扭转弹簧

螺旋扭转弹簧如图 3-6-3 所示，为了便于连接、固定及加载，两端制有杆臂。

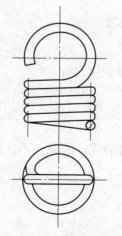

图 3-6-2　端部挂钩形式

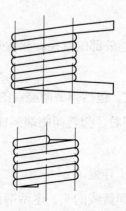

图 3-6-3　螺旋扭转弹簧

三、弹簧的使用注意事项

1. 安装弹簧时要注意清洁、除锈。

2. 安装钢板弹簧片时应当在片间涂上石墨润滑脂，以减轻锈蚀和磨损。

3. 注意检查弹簧是否折断、弹力是否下降、是否变形，不满足使用要求时应及时更换。

知识总结

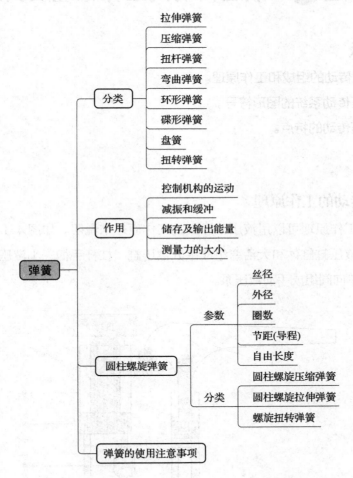

模块四
液 压 传 动

课题 ❶ 液压传动的工作原理及其组成

🔩 学习目标

1. 掌握液压传动的组成和工作原理。
2. 了解液压传动系统的图形符号。
3. 了解液压传动的特点。

🔧 相关知识

一、液压传动的工作原理

液压传动的工作原理可以用液压千斤顶的工作原理来说明。如图 4-1-1 所示为液压千斤顶的示意图，液压缸缸体和大活塞组成举升液压缸，杠杆手柄、小液压缸、小活塞、吸油单向阀、压油单向阀组成手动液压泵。

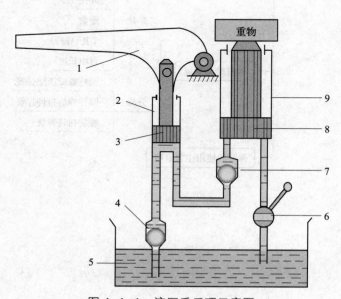

图 4-1-1　液压千斤顶示意图

1—杠杆手柄　2—小液压缸　3—小活塞　4—吸油单向阀　5—油箱　6—截止阀
7—压油单向阀　8—大活塞　9—举升液压缸

由图可以看出，提起杠杆手柄时小活塞向上移动，小活塞下端油腔容积增大，形成局部真空，这时吸油单向阀打开，通过吸油管从油箱中吸油；用力压下杠杆手柄时，小活塞下移，小活塞下腔压力升高，吸油单向阀关闭，压油单向阀打开，下腔的油液经管道输入举升液压缸的下腔，使大活塞向上移动，顶起重物。

往复扳动杠杆手柄，就能不断地把油液压入举升液压缸下腔，使重物逐渐升起。如果打开截止阀，举升液压缸下腔的油液通过管道、截止阀流回油箱，重物就向下移动。这就是液压千斤顶的工作原理。

液压传动是以液体为工作介质，利用液体的压力，通过密封容积的变化实现动力传递。由此可见，液压传动是一个不同能量的转换过程。

二、液压传动系统的基本参数

1. 压力

液体在单位面积上所受的法向力称为压力。压力通常用 p 表示，$p=F/A$。在国际单位制（SI）中，压力的单位为帕斯卡，简称帕，符号为 Pa。常见压力单位还有 bar、MPa 等。

2. 流量

单位时间内流过某一通道截面的液体体积称为流量。通常所说的流量是指平均流量，用 q 表示，即 $q=V/t$。在国际单位制（SI）中，流量的单位为 m^3/s，工程中也常用 L/min。

三、液压传动系统的组成

如图 4-1-2 所示奥迪 A6 的液压转向系统就是典型的液压传动系统，它由油箱、液压

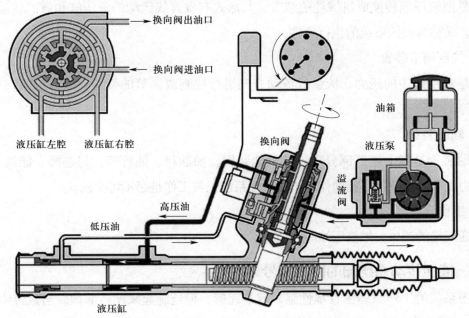

图 4-1-2 奥迪 A6 的液压转向系统工作原理图

泵、溢流阀、换向阀、液压缸以及连接这些元件的油管、管接头等组成。液压泵由电动机驱动，从油箱中吸油；油液经滤油器、油管进入液压泵，并对油液加压，油液由低压变成高压；当向左转动转向盘时，如图4-1-3b所示，压力油通过换向阀进入液压缸右腔，推动活塞向左移动；液压缸左腔的油液经换向阀和回油管排回油箱，实现汽车左转向。

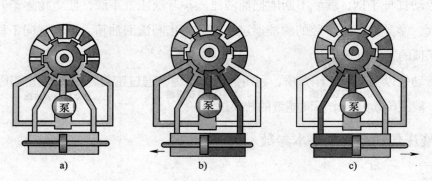

图4-1-3 液压转向系统换向阀的工作
a）直线行驶 b）向左转 c）向右转

由液压转向系统的工作过程可以看出，一个完整的、能够正常工作的液压系统，应该由以下五个主要部分组成：

1. 动力装置

它是为液压系统提供压力油，把机械能转换成液压能的装置，其最常见的形式是液压泵。

2. 执行装置

它是把液压能转换成机械能的装置，其形式有做直线运动的液压缸和做回转运动的液压马达，又称为液压系统的执行元件。

3. 控制调节装置

它是对系统中的压力、流量或流动方向进行控制或调节的装置，如溢流阀、节流阀、换向阀等。

4. 辅助装置

辅助装置是指上述三部分之外的其他装置，如油箱、油管等，起连接、储油、过滤、储存压力能和测量油压等辅助作用，对保证系统正常工作是必不可少的。

5. 工作介质

传递能量的流体，如液压油等。

四、液压传动系统图的图形符号

液压系统的工作原理图直观性强，容易理解，但绘制起来比较麻烦。当系统中元件数量多时，绘制更加不方便。为了简化原理图的绘制，系统中各元件可用图形符号表示，如

图4-1-4所示，这些符号只表示元件的职能（即功能）、控制方式及外部连接口，不表示元件的具体结构、参数及连接口的实际位置和元件的安装位置。国家标准《流体传动系统及元件图形符号和回路图 第1部分：用于常规用途和数据处理的图形符号》（GB/T 786.1—2021）对液压气动元（辅）件图形符号有明确的规定。

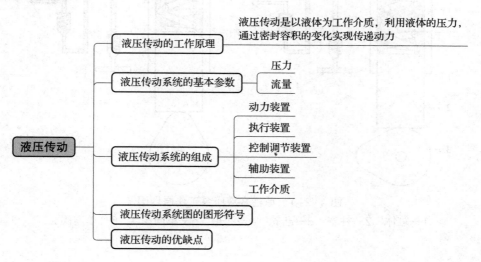

图4-1-4 液压传动系统的图形符号
1—活塞 2—液压缸 3—换向阀
4—液压泵 5—滤油器 6—油箱
7—溢流阀

五、液压传动的优缺点

1. 液压传动的优点

（1）液压传动机构布置方便、灵活。

（2）质量小、结构紧凑、惯性小。

（3）可在大范围内实现无级调速。

（4）传递运动均匀平稳，负载变化时速度较稳定。

（5）液压装置易于实现过载保护，同时液压元件能自行润滑，使用寿命长。

（6）液压传动借助各种控制阀，容易实现复杂的工作循环。

（7）液压元件已实现了标准化、系列化和通用化，便于设计、制造和推广使用。

2. 液压传动的缺点

（1）液压传动不能保证严格的传动比。

（2）液压传动不宜在温度变化很大的环境条件下工作。

（3）液压元件的配合件制造精度要求较高，加工工艺较复杂。

（4）液压系统发生故障不易检查和排除。

⚡ 知识总结

```
                              液压传动是以液体为工作介质，利用液体的压力，
                              通过密封容积的变化实现传递动力
          ┌─ 液压传动的工作原理 ─────────────────────────────

          │                          ┌─ 压力
          ├─ 液压传动系统的基本参数 ──┤
          │                          └─ 流量

                                      ┌─ 动力装置
                                      ├─ 执行装置
液压传动 ─┤─ 液压传动系统的组成 ──────┼─ 控制调节装置
                                      ├─ 辅助装置
                                      └─ 工作介质

          ├─ 液压传动系统图的图形符号

          └─ 液压传动的优缺点
```

课题二　液压动力元件

学习目标

1. 了解液压泵的工作原理、特点及分类。
2. 掌握齿轮泵的结构、工作原理、特点和应用。
3. 了解叶片泵、柱塞泵的结构、工作原理、特点和应用。

液压动力元件向液压系统提供动力，是液压系统不可缺少的核心元件。液压泵向液压系统提供一定的流量和压力，它将原动机（电动机或内燃机）输出的机械能转换为工作液体的压力能，是一种能量转换装置。

相关知识

一、液压泵的工作原理、特点及分类

1. 液压泵的工作原理

液压泵是依靠密封容积的变化工作的，一般称为容积式液压泵。如图 4-2-1 所示为单柱塞液压泵的工作原理图，图中柱塞装在缸体中形成一个密封容积 a，柱塞在弹簧的作用下始终压紧在偏心轮上。原动机驱动偏心轮旋转使柱塞做往复运动，当 a 由小变大时就形成真空，油液在大气压作用下顶开单向阀 1 进入 a 腔，实现吸油；反之，当 a 腔由大变小时，a 腔中吸满的油液将顶开单向阀 2 流入系统，实现压油。偏心轮不断旋转，液压泵就不断地吸油和压油。

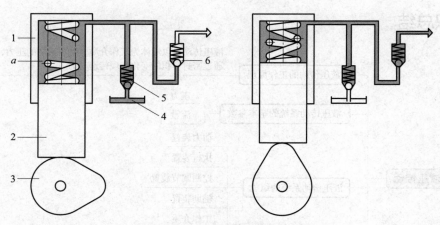

图 4-2-1　单柱塞液压泵工作原理图

1—缸体　2—柱塞　3—凸轮　4—油箱　5—单向阀 1　6—单向阀 2

2. 液压泵的特点

单柱塞液压泵具有一切容积式液压泵的基本特点。

（1）具有一个或若干个密封且其容积可以周期性变化的空间。

（2）油箱内液体的绝对压力必须恒等于或大于大气压力。

（3）具有相应的配油机构，将吸油腔和排油腔隔开，保证液压泵有规律且连续地吸、排液体。液压泵的结构原理不同，其配油机构也不相同，图 4-2-1 所示的单向阀 1、2 就是配油机构。

3. 液压泵的类型

按液压泵在单位时间内所能输出的油液的体积是否可调，可分为定量泵和变量泵；按结构形式不同，可分为齿轮式、叶片式和柱塞式。

二、齿轮泵

齿轮泵是液压系统中广泛采用的一种液压泵，一般做成定量泵，按结构不同，齿轮泵分为外啮合齿轮泵和内啮合齿轮泵。

1. 齿轮泵的结构

齿轮泵的结构如图 4-2-2 所示，外啮合齿轮泵主要由泵盖和泵体组成，泵体内装有一对齿数相同、宽度和泵体接近且互相啮合的齿轮。

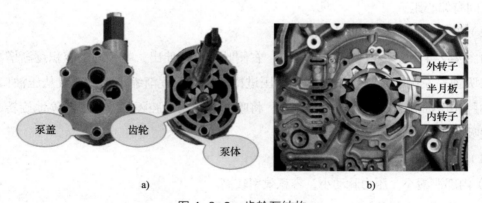

a)   b)

图 4-2-2　齿轮泵结构

a）外啮合齿轮泵　b）内啮合齿轮泵

2. 齿轮泵的工作原理

如图 4-2-3 所示，当泵的主动齿轮按图示箭头方向旋转时，齿轮泵右侧（吸油腔）齿轮脱开啮合，使密封容积增大，形成局部真空，吸油；随着齿轮的旋转，吸入齿间的油液被带到另一侧，这时轮齿进入啮合，使密封容积逐渐减小，排油。当齿轮泵的主动齿轮连续旋转时，形成连续的吸油和排油，这就是齿轮泵的工作原理。

3. 齿轮泵的特点及应用

（1）结构简单、成本低、体积小、质量小、外形尺寸小。

（2）抗油液污染能力强，工作可靠。

（3）内部泄漏比较大，容积效率较低。

（4）压力脉动和流量脉动大，振动和噪声大。

（5）排量不能调节，属于定量泵。

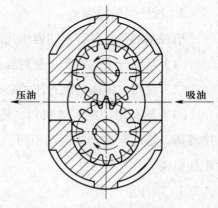

图 4-2-3 外啮合齿轮泵的工作原理

齿轮泵通常用于工作环境比较恶劣的各种低、中压系统中，外啮合齿轮泵应用在发动机润滑系统的机油泵上，内啮合齿轮泵应用在汽车自动变速器上。

三、叶片泵

叶片泵分为单作用叶片泵和双作用叶片泵，单作用叶片泵的转子旋转一周完成一次吸油、排油，为变量泵；双作用叶片泵的转子旋转一周完成两次吸油、排油，为定量泵。

1. 单作用叶片泵

（1）结构

单作用叶片泵由转子、定子、叶片、配油盘等组成，定子具有圆柱形内表面，定子和转子之间有偏心距。

（2）单作用叶片泵的工作原理

如图 4-2-4 所示，当转子按回转时，右侧叶片逐渐伸出，叶片间的容积逐渐增大，从吸油口吸油；左侧叶片被定子内壁逐渐压进槽内，容积逐渐缩小，将油液从压油口压出；在吸油腔和压油腔之间，有一段封油区，将吸油腔和压油腔隔开。转子不停地旋转，泵就不断地吸油和排油。

（3）单作用叶片泵的结构特点

1）内部泄漏小，压力脉动小，容积效率较高。

2）结构复杂，零件较难加工，成本较高。

3）对油污敏感，叶片容易被油液中的脏物卡死。

4）由于定子和转子的偏心距可以调节，因此排量可以调节，属于变量泵。

（4）应用范围

单作用叶片泵常用于工作环境比较洁净的各种低、中压系统中，如自动变速器的油泵。

2. 双作用叶片泵

（1）结构

双作用叶片泵由定子、转子、叶片、配油盘等组成。转子和定子中心重合，定子内表面为八段曲线近似组成的椭圆柱形。

（2）双作用叶片泵的工作原理

双作用叶片泵的结构及工作原理如图 4-2-5 所示，当转子转动时，叶片在离心力的作用下压向定子内表面，形成若干个密封空间，当转子从小半径运动到大半径过程中，叶片外伸，密封空间的容积增大，吸入油液；再从大半径运动到小半径的过程中，叶片被定子内壁逐渐压进槽内，密封空间容积变小，将油液从压油口压出。

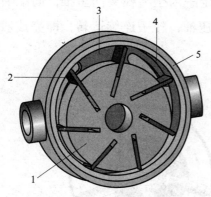 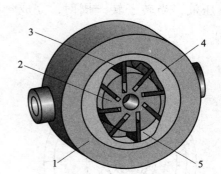

图 4-2-4　单作用叶片泵的
结构及工作原理

1—转子　2—叶片　3—配油盘
4—定子　5—泵体

图 4-2-5　双作用叶片泵的
结构及工作原理

1—泵体　2—转子　3—叶片
4—定子　5—配油盘

（3）双作用叶片泵的结构特点

1）输油量均匀，输油量较大。

2）内部泄漏小，压力脉动小，容积效率较高。

3）吸、压油口对称分布，转子径向液压力平衡，使用寿命长。

4）结构复杂，零件较难加工，成本较高。

5）对油污敏感，叶片容易被油液中的脏物卡死。

6）排量不能调节，属于定量泵。

（4）应用范围

双作用叶片泵通常用于工作环境比较洁净的各种中压或中高压系统中，如汽车的转向助力泵。

四、柱塞泵

柱塞泵是靠柱塞在缸体中做往复运动形成密封容积的变化来实现吸油与压油的液压泵。柱塞泵按柱塞的排列和运动方向不同，可分为径向柱塞泵和轴向柱塞泵两大类。

1. 径向柱塞泵

（1）结构

柱塞径向排列装在缸体中，缸体由原动机带动连同柱塞一起旋转。

（2）工作原理

如图4-2-6所示，柱塞在离心力的（或在低压油）作用下抵紧定子的内壁，当转子按图示方向回转时，由于定子和转子之间有偏心距，柱塞绕经上半周时向外伸出，从吸油口b吸油；当柱塞转到下半周时，定子内壁将柱塞向里推，向配油盘的压油口c压油，当转子转一周时，完成一次吸、压油，转子连续运转，即完成吸、压油工作。

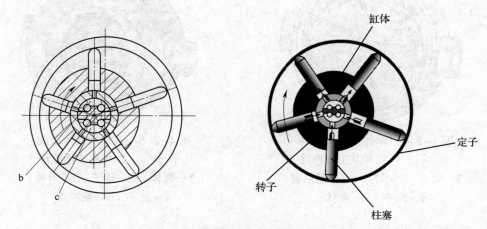

图4-2-6 径向柱塞泵的工作原理

2. 轴向柱塞泵

（1）结构

轴向柱塞泵由泵体、配油盘、柱塞和斜盘组成。柱塞沿圆周均匀分布在缸体内；斜盘轴线与缸体轴线倾斜一角度，柱塞靠弹簧压紧在斜盘上，配油盘和斜盘固定不转。

（2）工作原理

如图4-2-7所示为直轴式轴向柱塞泵的工作原理，当原动机通过传动轴使泵体转动时，由于斜盘的作用，使柱塞在泵体内做往复直线运动，并通过配油盘的配油口进行吸油和压油。泵体每转一周，每个柱塞各完成吸、压油一次。如改变斜盘倾角，就能改变液压泵的排量；改变斜盘倾角方向，就能改变吸油和压油

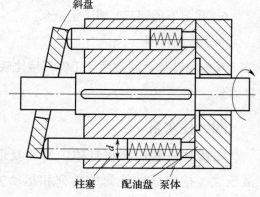

图4-2-7 轴向柱塞泵的工作原理

的方向，即为双向变量泵。

3．柱塞泵的特点及应用场合

柱塞泵的性能较完善、泄漏小、容积效率高、压力大；缺点是结构复杂、造价高、自吸性差。主要应用在工程机械、凿岩机械、冶金机械，如挖掘机的液压系统。

五、液压泵的图形符号（表 4-2-1）

表 4-2-1　液压泵的图形符号

图形符号				
类型	单向定量液压泵	双向定量液压泵	单向变量液压泵	双向变量液压泵

注：1．大圆表示液压泵。

2．圆内实心三角形表示液压力作用方向，向外的实心三角形表示液压泵。

3．右侧的弧线箭头表示泵轴的旋转方向，一个箭头表示单向（ ↷ 表示顺时针旋转，若箭头反向则表示逆时针旋转），两个箭头（ ↻ ）表示双向。

4．贯穿大圆的长斜箭头（ ↗ ）表示泵的排量可调节。

5．圆上、下两侧的直线表示油路接口。单向液压泵的图形符号中，与实心三角形相连的那条直线为压力油输出管路，另一条直线为吸油管路。

6．⊏ 表示驱动轴的位置。

六、液压泵的性能比较

表 4-2-2 列出了液压系统中常用液压泵的主要性能。

表 4-2-2　液压系统中常用液压泵的性能比较

性能	外啮合齿轮泵	单作用叶片泵	双作用叶片泵	径向柱塞泵	轴向柱塞泵
输出压力	低压	低压	中压	高压	高压
流量调节	不能	能	不能	能	能
效率	低	较高	较高	高	高
输出流量脉动	很大	很小	很小	一般	一般
自吸特性	好	较差	较差	差	差
对油污的敏感程度	不敏感	较敏感	较敏感	很敏感	很敏感
噪声	大	小	小	大	大

知识总结

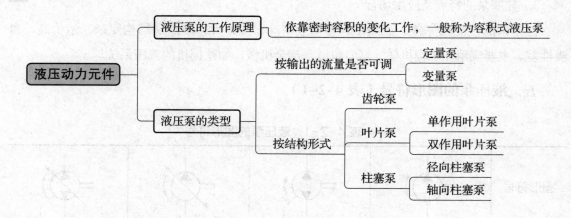

液压动力元件
- 液压泵的工作原理 —— 依靠密封容积的变化工作，一般称为容积式液压泵
- 液压泵的类型
  - 按输出的流量是否可调
    - 定量泵
    - 变量泵
  - 按结构形式
    - 齿轮泵
    - 叶片泵
      - 单作用叶片泵
      - 双作用叶片泵
    - 柱塞泵
      - 径向柱塞泵
      - 轴向柱塞泵

课题 三　液压执行元件

学习目标

1. 了解液压马达的作用、类型及工作原理。

2. 掌握活塞缸、柱塞缸的特点及应用。

3. 了解液压缸的典型结构及工作原理。

液压马达和液压缸是液压系统的液压执行元件，它们将液体的压力能转变为机械能。液压马达用来实现旋转运动，液压缸用来实现直线往复运动。

相关知识

一、液压马达

1. 类型

液压马达按其结构不同，可以分为齿轮式、叶片式、柱塞式和摆动式。

2. 工作原理

常用的液压马达的结构与同类型的液压泵很相似，下面仅简单介绍齿轮式液压马达的工作原理。

如图 4-3-1 所示，当齿轮式液压马达左侧的容腔进入高压油时，处于高压腔的所有轮齿均受到压力油的作用，其中相互啮合的两个齿轮表面只有一部分受到压力油的作用，齿面力矩的总和使得齿轮按图示方

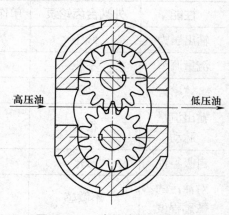

图 4-3-1　齿轮式液压马达的工作原理图

向转动。

3. 液压马达图形符号（表 4-3-1）

表 4-3-1　液压马达的图形符号

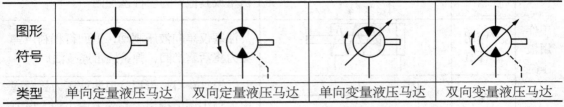

图形 符号				
类型	单向定量液压马达	双向定量液压马达	单向变量液压马达	双向变量液压马达

注：1. 大圆表示液压马达。

2. 圆内实心三角形表示液压力作用方向，向内的实心三角形表示液压马达。

3. 左侧的弧线箭头表示马达轴的旋转方向，一个箭头表示单向旋转（ 表示顺时针旋转），两个箭头（ ）表示双向旋转。

4. 贯穿大圆的长斜箭头（ ╱ ）表示变量马达。

5. 圆上、下两侧的直线表示进油路接口。单向液压马达的图形符号中，与三角符号相连的那条直线为进油路，另一条直线为回油路。

6. ▬ 表示输出轴的位置。

7. 虚线表示外泄油路。

二、液压缸

液压缸是液压系统中的一种执行元件，其功能是将液压能转变成往复式直线机械运动。

1. 液压缸的结构与工作原理

液压缸的结构如图 4-3-2 所示，一般由缸筒、缸盖、活塞、活塞杆等组成。液压缸的主要参数是缸筒直径（D）、活塞杆直径（d）以及活塞的有效行程（L）。在工作过程中，一端进油，另一端回油，压力油作用在活塞上形成一定的推力使得活塞杆前伸或后缩。

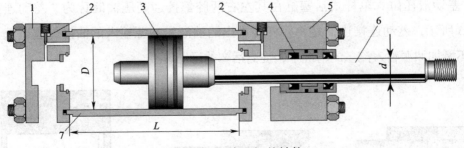

图 4-3-2　液压缸的结构

1—缸底　2—缓冲节流阀　3—活塞　4—密封圈　5—缸盖　6—活塞杆　7—缸筒

2. 液压缸的类型、图形符号及特点（表 4-3-2）

下面分别介绍几种常用的液压缸。

表 4-3-2　液压缸的类型、图形符号及特点

类型	名称	图形符号	说明
单作用液压缸	单作用柱塞缸		柱塞仅单向液压驱动，返回行程是利用自重或其他外力将柱塞推回
	单作用单杆缸		活塞仅单向液压驱动，返回行程利用弹簧力将活塞推回，弹簧腔带连接油口
	单作用伸缩缸		以短缸获得长行程。用油液压力将活塞由大到小逐节推出，靠外力由小到大逐节缩回
双作用液压缸	双作用单杆缸		单边有杆，双向液压驱动，双向推力和速度不等
	双作用双杆缸		双边有杆，双向液压驱动，可实现等速往复运动
	双作用伸缩缸		双向液压驱动，活塞伸出时由大到小逐节推出，复位时由小到大逐节缩回

（1）活塞缸

活塞缸根据其使用要求不同可分为双杆式和单杆式两种。

1）双杆式活塞缸。如图 4-3-3 所示，活塞两端都有一根直径相等的活塞杆伸出的液压缸称为双杆式活塞缸，它一般由缸体、缸盖、活塞、活塞杆和密封件等零件构成。根据安装方式不同，可分为缸体固定式和活塞杆固定式两种。

2）单杆式活塞缸。如图 4-3-4 所示，活塞只有一端带活塞杆，单杆式活塞缸也有缸体固定和活塞杆固定两种形式，但它们的工作台移动范围都是活塞有效行程的两倍。

3）差动液压缸。单杆式活塞缸在其左右两腔都接通高压油时称为"差动连接"。如图 4-3-5 所示，差动连接进油是将有杆腔排出的油液和油源输入的油液一起进入无杆腔，从而在不增加油源输入流量的情况下，提高活塞的运动速度。

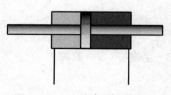

图 4-3-3　双杆式活塞缸

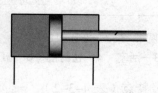

图 4-3-4　单杆式活塞缸

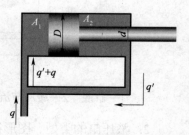

图 4-3-5　差动液压缸

（2）柱塞缸

柱塞缸中的柱塞和缸筒不接触，运动时以缸盖上的导向套为导向，适用于行程较长的场合。如图 4-3-6a 所示柱塞缸，它只能实现一个方向的液压传动，反向运动要靠外力；若需实现双向运动，则必须成对使用，如图 4-3-6b 所示。

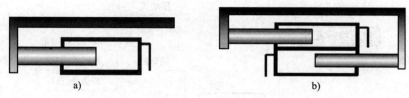

a)   b)

图 4-3-6　柱塞缸

（3）增压液压缸

增压液压缸又称增压器，如图 4-3-7 所示，它利用活塞的有效面积的不同使液压系统中的局部区域获得高压。

（4）伸缩缸

如图 4-3-8 所示，伸缩缸由两个或多个活塞缸套装而成，前一级活塞缸的活塞杆内孔是后一级活塞缸的缸筒，伸出时可获得很长的工作行程，缩回时可保持很小的结构尺寸，伸缩缸广泛应用于起重运输车辆上。

图 4-3-7　增压液压缸　　　　　　　　　　　　　　图 4-3-8　伸缩缸

（5）齿轮缸

齿轮缸由两个活塞和一套齿轮齿条传动装置组成，如图 4-3-9 所示。活塞的移动经齿轮齿条传动装置变成齿轮的传动，用于实现工作部件的往复摆动或间歇进给运动。

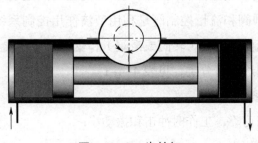

图 4-3-9　齿轮缸

知识总结

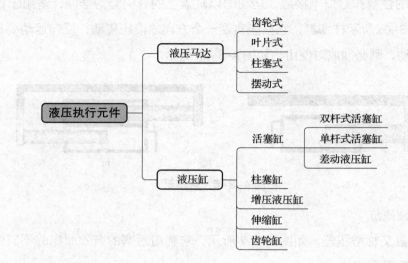

课题四 液压控制阀

学习目标

1. 掌握普通单向阀、液控单向阀的工作原理和作用。

2. 掌握换向阀的工作原理、分类、符号、中位机能及换向方式。

3. 掌握溢流阀的工作原理及应用。

4. 了解顺序阀、节流阀的工作原理及应用。

相关知识

一、液压阀的作用、分类及要求

1. 液压阀的作用及类型

液压阀是用来控制液压系统中油液的流动方向或调节其压力和流量的装置，它可分为方向控制阀、压力控制阀和流量控制阀三大类。方向控制阀是利用流通通道的更换控制油液的流动方向，压力控制阀和流量控制阀是利用节流作用控制系统的压力和流量。从结构上来说，所有的阀都由阀体、阀芯（转阀或滑阀）和驱动部件组成。

液压阀可按不同的用途进行分类，见表4-4-1。

2. 对液压阀的基本要求

（1）动作灵敏，使用可靠，工作时冲击和振动小。

（2）油液流过的压力损失小。

（3）密封性能好。

（4）结构紧凑，安装、调整、使用、维护方便，通用性好。

表 4-4-1　液压阀的分类

种类	详细分类	作用
方向控制阀	单向阀、液控单向阀、换向阀、行程减速阀、充液阀、比例方向阀	控制油液的流动方向
压力控制阀	溢流阀、顺序阀、卸荷阀、平衡阀、减压阀、比例压力控制阀、缓冲阀、仪表截止阀、限压切断阀、压力继电器	控制油液压力的高低
流量控制阀	节流阀、单向节流阀、调速阀、分流阀、集流阀、比例流量控制阀	控制油液的流量

二、方向控制阀

1. 单向阀

液压系统中常见的单向阀有普通单向阀和液控单向阀两种。

（1）普通单向阀

普通单向阀的作用是使油液只能沿一个方向流动，不许反向倒流。如图 4-4-1a 所示是一种管式普通单向阀的结构，液体从 P 口流入，克服弹簧力而将阀芯顶开，再从 A 口流出。当液压油液反向流入时，由于阀芯被压紧在阀座的密封面上，所以液流被截止。图 4-4-1b 所示是普通单向阀的图形符号。

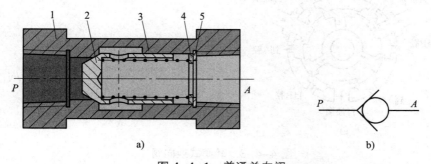

a)　　　　　　　　　　　　　　　　　b)

图 4-4-1　普通单向阀
a）结构图　b）图形符号
1—阀体　2—阀芯　3—弹簧　4—弹簧垫　5—挡圈

（2）液控单向阀

如图 4-4-2a 所示是液控单向阀的结构，当控制油口 X 处无压力油通入时，它和普通单向阀一样；当控制油口 X 有压力油通入时，压力油将从活塞 1 的环形槽上侧的小槽 a 进入活塞左侧的空腔中，活塞 1 右移，推动推杆 3 顶开阀芯 4，使油路接通，油液就可在两个方向自由通流。由于活塞与阀体内腔之间有缝隙，会产生泄漏，所以在阀体上增加了泄油口 L。图 4-4-2b 所示是液控单向阀的图形符号。

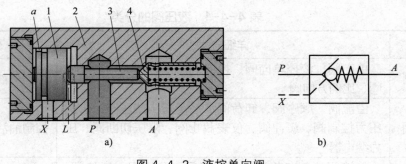

图 4-4-2　液控单向阀

a）结构图　b）图形符号

1—活塞　2—阀体　3—推杆　4—阀芯

2. 换向阀

换向阀利用阀芯与阀体的相对运动使油路接通、关断，或变换油液的方向。换向阀有转动式和滑阀式两种，滑阀式换向阀应用较为广泛。

（1）转阀式换向阀

转阀式换向阀的工作原理如图 4-4-3a 所示，当转动阀芯时，依靠阀芯相对于阀体转过的角度，确定打开和关闭的油路及其开度的大小。图 4-4-3b 所示为转阀式换向阀的图形符号。

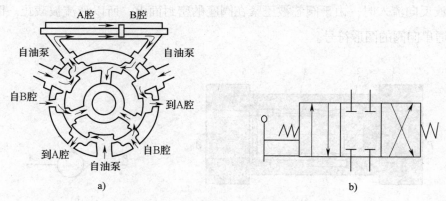

图 4-4-3　转阀式换向阀

a）工作原理图　b）图形符号

（2）滑阀式换向阀

1）结构与分类。滑阀式换向阀主要由阀体和滑动阀芯组成。按阀芯在阀体的工作位置数和换向阀所控制的油口通路数分，滑阀式换向阀有二位二通、二位三通、二位四通、二位五通、三位四通、三位五通等类型。不同的工作位置数和油口通路数是由阀体上不同的沉割槽和阀芯上台肩组合形成的，其具体的结构形式及图形符号见表 4-4-2。

表 4-4-2 滑阀式换向阀结构形式及图形符号

名称	结构形式	图形符号	说明
二位二通阀			常态位，P、A 通，相当于开关
二位三通阀			常态位，P、A 通；工作位，P、B 通
二位四通阀			常态位，P、A 通，B、T 通
三位四通阀			常态位，P、A、B、T 均不通

2）换向阀的符号表示。一个换向阀的完整符号应具有工作位置数、油口通路数和在各工作位置上阀口的连通关系、控制方法以及复位、定位方法等。

各类换向阀的图形表达方式见表 4-4-3。

表 4-4-3 各类换向阀的图形表达方式

项目	图例			说明
位	一位	二位	三位	"位"是指阀与阀的切换工作位置数，用方格表示
位与通	二位二通	二位三通	二位四通	"通"是指阀的油口通路数，即箭头"↑"或封闭符号"⊥"与方格的交点数
	二位五通	三位四通	三位五通	三位阀的中格、二位阀画有弹簧的一格为阀的常态位。常态位应绘制出外部连接油口（格外短竖线）
阀口标志	压力流体进油口	通油箱的回油口	连接执行元件的工作油口	
	P	T	A、B	

换向阀的控制方式和复位弹簧符号画在主体符号两端任意位置上。常见的滑阀操纵方式如图 4-4-4 所示。

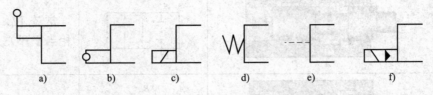

图 4-4-4　滑阀操纵方式

a）手动式　b）机动式　c）电磁式　d）弹簧控制　e）液动控制　f）电液控制

3）三位四通换向阀的中位机能。三位四通换向阀阀芯处在中间位置时各油口的连通形式，称为换向阀的中位机能。常见三位四通换向阀中位油口的状况、特点及应用见表 4-4-4。

表 4-4-4　常见三位四通换向阀的中位机能

机能代号	图形符号	中位油口的状况、特点及应用
O		P、A、B、T 四个油口全封闭，液压缸呈锁紧状态，系统不卸荷，可用于多个换向阀并联工作
H		P、A、B、T 四个油口全连通，液压缸呈浮动状态，在外力作用下可移动，泵卸荷
Y		P 油口封闭，A、B、T 油口相通，液压缸呈浮动状态，在外力作用下可移动，泵不卸荷
K		P、A、T 油口相通，B 油口封闭，活塞处于闭锁状态，泵卸荷
M		P、T 油口相通，A、B 油口均封闭，液压缸呈锁紧状态，泵卸荷，也可用多个 M 型换向阀并联工作

续表

机能代号	图形符号	中位油口的状况、特点及应用
P	$A\ B$ $P\ T$	P、A、B 油口相通，T 油口封闭，压力油口 P 与液压缸两腔相通，回油口封闭，可形成差动回路

三、压力控制阀

在液压传动系统中，控制油液压力高低的液压阀称为压力控制阀，简称压力阀。压力阀的作用是用来控制液压传动系统中流体的压力，或利用系统中压力的变化来控制某些液压元件的动作。按照用途不同，压力控制阀可分为溢流阀、减压阀、顺序阀和压力继电器等。

1. 溢流阀

（1）工作原理

溢流阀的主要作用是溢去系统中的多余油液，保证系统在一定的压力下或安全压力下工作。图 4-4-5 所示为溢流阀的工作原理，其中，弹簧用来调节溢流阀的溢流压力。当系统压力大于弹簧所调节的压力时，打开阀芯，油液流回油箱，限制系统压力继续升高，使系统压力保持在弹簧所调定的数值。调节弹簧压力，即可调节系统压力的大小。

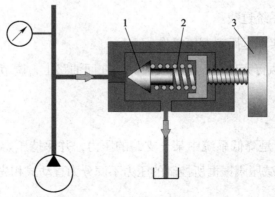

图 4-4-5　溢流阀工作原理
1—阀芯　2—弹簧　3—手柄

根据结构和工作原理的不同，溢流阀可分为直动式溢流阀和先导式溢流阀，其种类、工作原理和图形符号见表 4-4-5。

表4-4-5 溢流阀的种类、工作原理和图形符号

种类	说明	原理图	图形符号	实物图
直动式	进口压力油直接作用于阀芯，结构简单，制造容易，一般只适用于低压、流量不大的系统			
先导式	由主阀和先导阀两部分组成，先导阀的作用是控制和调节溢流压力，主阀的作用是溢流，一般用于系统压力较高和流量较大的场合			

（2）溢流阀的特征

阀芯常闭，进口压力控制阀芯动作；进口有压力，出口接油箱而无压力；弹簧腔采用内部回油。

（3）溢流阀的应用

1）定压阀，用于系统定压、稳压。

2）安全阀，防止系统过载。

3）远程调压阀，实现远距离调压操作。

4）背压阀，稳定执行元件速度，将溢流阀装在回油路上，调节溢流阀的调压弹簧即能调节背压力的大小。

2. 减压阀

减压阀的主要作用是降低系统中某一支路的压力，并保持压力稳定，使同一系统得到多个不同压力的回路。减压阀根据所控制的压力不同分为直动式和先导式两种。

（1）工作原理

1）直动式减压阀。如图4-4-6所示为直动式减压阀的工作原理图及图形符号，该阀在初始位置常开，压力油可从油口 P 流向油口 A。油口 A 的压力同时经油道1作用于压缩弹簧3对面的阀芯上。当油口 A 的压力超过压缩弹簧的设定值时，控制阀芯2向左移动至控制位置并保持油口 A 的压力恒定。

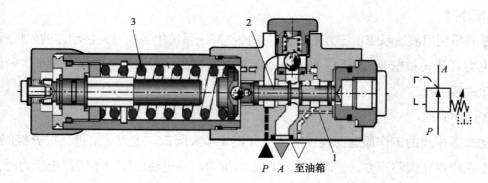

图 4-4-6 直动式减压阀的工作原理图及图形符号
1—油道 2—控制阀芯 3—压缩弹簧

如果油口 A 的压力因执行机构受外力作用而不断升高，控制阀芯 2 就会不断地向左移动压缩弹簧 3。这样油口 A 经控制阀芯 2 上的台阶与油箱的通道打开，然后有足够的压力油流向油箱，以防止油口 A 的压力进一步升高。

2）先导式减压阀。如图 4-4-7 所示为先导式减压阀的工作原理图及图形符号，它分为先导阀和主阀两部分，由先导阀调压，主阀减压。阀不工作时，阀芯在弹簧作用下处于最下端位置，阀的进、出油口是相通的。如出油口压力减小，阀芯就下移，开大阀口，阀口处阻力减小，压降减小，使出油口压力回升到调定值；反之，若出油口压力增大，则阀芯上移，关小阀口，阀口处阻力加大，压降增大，使出油口压力下降到调定值。

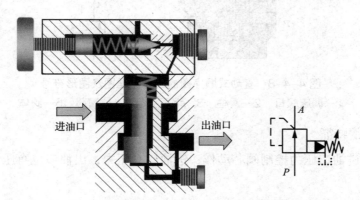

图 4-4-7 先导式减压阀的工作原理图及图形符号

（2）减压阀的特征

阀芯常开，出油口压力控制阀芯动作；进油口有压力，出油口接子系统也有压力；弹簧腔采用外部回油。

（3）减压阀的应用

1）子系统减压回路。

2）夹紧装置液压回路。

3. 顺序阀

顺序阀是利用液压系统中压力的变化，来控制液压系统中各执行元件动作的先后顺序。顺序阀也有直动式和先导式两种，前者一般用于低压系统，后者用于中高压系统。一般多使用直动式顺序阀。

（1）工作原理

直动式顺序阀的工作原理图及图形符号如图4-4-8所示。压力油由进油口 P 经阀芯4内部的小孔作用在阀芯下方，使阀芯受到向上的推力。当进油口压力小于调定压力时，阀芯不动，进、出油口不通；当进油口压力大于调定压力时，阀芯上移，进、出油口连通，压力油便从顺序阀通向某一执行元件，使其动作。顺序阀相当于一个压力控制开关。

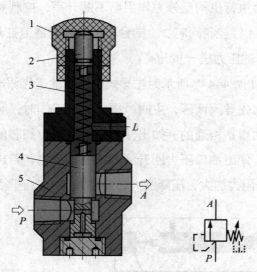

图 4-4-8　直动式顺序阀的工作原理图及图形符号
1—调压螺母　2—滑柱　3—调压弹簧　4—阀芯　5—阀体

（2）顺序阀的特征

阀芯常闭，进油口压力控制阀芯动作；进油口有压力，出油口也有压力；弹簧腔采用外部回油。

（3）顺序阀的应用

1）用来使两个或两个以上执行元件按一定的顺序动作。

2）作为背压阀用。

3）单向顺序阀可作为平衡阀用。

4）液控顺序阀可作为卸荷阀用。

5）保证油路的最低压力。

4. 溢流阀、减压阀、顺序阀的区别（表4-4-6）

表 4-4-6　溢流阀、减压阀、顺序阀的区别

阀的名称	溢流阀	减压阀	顺序阀
阀芯非工作状态	常闭	常开	常闭
阀芯控制	进油口压力控制	出油口压力控制	进油口压力控制
工作状态时进、出油口压力特点	进油口压力为调定压力，出油口压力为零	出油口压力低于进油口压力，出油口压力稳定在调定值上	阀开启后，进、出油口压力基本相同，并取决于外负载压力
泄漏形式	内泄式	外泄式	外泄式
阀的作用	系统定压、稳压、安全保护	子系统减压	多个执行元件顺序动作
连接方式	一般为并联，用作背压阀时串联	串联	实现顺序动作时串联，用作卸荷阀时并联

四、流量控制阀

流量控制阀是通过改变节流口流通截面积的大小，实现对液压传动系统液体流量的控制，从而调节执行元件的运动速度。常用的流量阀有节流阀、调速阀等，见表 4-4-7。

表 4-4-7　流量控制阀

种类	说明	原理图	图形符号	实物图
节流阀	节流阀起节流调速和压力缓冲作用。改变节流口的通流截面积，使液阻发生变化，就可以调节流量的大小			
调速阀	由减压阀和节流阀串联而成，可以使节流阀前后的压力差保持不变，一般用于运动速度要求平稳的场合			

知识总结

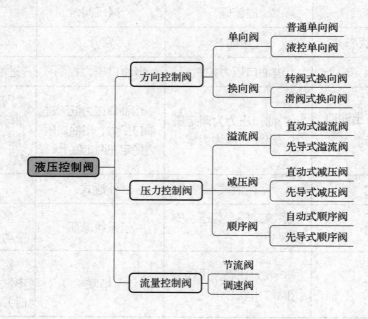

课题 五 液压辅助元件

学习目标

1. 了解过滤器的主要类型、结构特点及安装位置。

2. 了解蓄能器的结构、性能和作用。

3. 了解油箱的作用与结构。

4. 了解管道、管接头的种类。

液压系统中的辅助元件，对系统的动态性能、工作稳定性、使用寿命、噪声和温升等都有直接影响。常用液压辅助元件的图形符号和实物图见表 4-5-1。

表 4-5-1　常用液压辅助元件的图形符号和实物图

种类	图形符号	实物图
过滤器		

续表

种类	图形符号	实物图
蓄能器	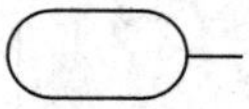	
油管	 硬　软	
油箱		

✖ 相关知识

一、过滤器

过滤器的作用是净化工作油液，清除混在油液中的杂质，防止油路堵塞和元件磨损，保证系统正常工作。

1. 过滤器的类型

按滤芯材料和过滤方式的不同，过滤器可分为网式、线隙式、烧结式、纸芯式及磁性过滤器等。过滤器的结构图、特点及应用见表4-5-2。

表4-5-2　过滤器的结构图、特点及应用

种类	结构图	特点及应用
网式过滤器	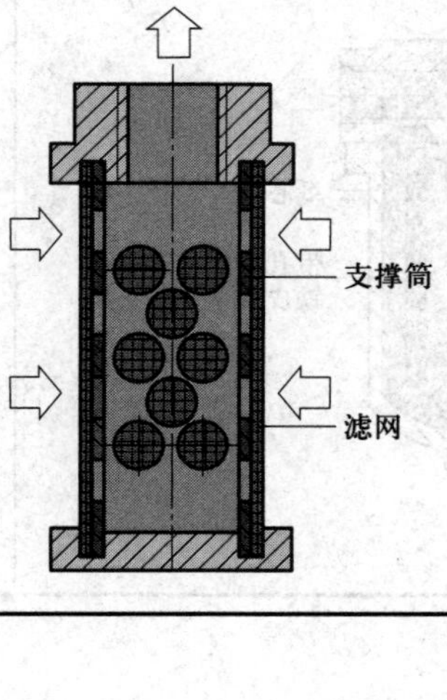 支撑筒　滤网	结构简单，通油能力大，清洗方便，但过滤精度低，一般作粗过滤器用。通常安装在液压泵的吸油口处，用于过滤进入液压泵油液中的杂质

种类	结构图	特点及应用
线隙式过滤器	铜丝绕制的缝隙 支撑筒	结构简单，通油能力大，过滤精度高，但滤芯材料强度低，不易清洗。一般用于中、低压管道
烧结式过滤器	滤芯	过滤精度高，耐高温、抗腐蚀、制造简单，滤芯能承受高压，但金属颗粒易脱落，堵塞后不易清洗，通油能力低。用于过滤质量要求较高的系统中
纸芯式过滤器	纸芯 带孔眼的铁皮支架	过滤精度高，易堵塞，且堵塞后无法清洗，必须更换纸芯。常用于精过滤，一般与其他过滤器配合使用

续表

种类	结构图	特点及应用
磁性过滤器	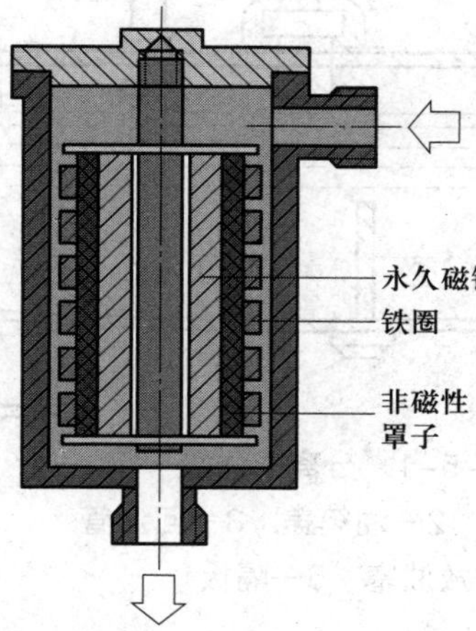 永久磁铁　铁圈　非磁性罩子	滤芯由永久磁铁制成，能吸住油液中的铁屑、铁粉及带磁性的磨料。常与其他形式滤芯组合起来制成复合型过滤器，对加工钢铁件的机床液压传动系统特别适用

2. 过滤器的安装位置

（1）安装在泵的吸油口处。

（2）安装在泵的出口油路上。

（3）安装在系统的回油路上。

（4）安装在系统的分支油路上。

（5）单独过滤系统。

液压系统中除了整个系统所需的过滤器外，还常常在一些重要元件（如伺服阀、精密节流阀等）的前面单独安装一个专用的过滤器来确保它们的正常工作。

二、蓄能器

蓄能器可以在短时间内供应大量压力油，补偿泄漏以保持系统压力，消除压力脉动及缓和液压冲击。蓄能器主要有弹簧式和充气式两大类，其中充气式又包括气瓶式、活塞式和气囊式三种。气囊式蓄能器的特点是把油与气体隔开，防止气体进入油中。气囊式蓄能器惯性小、反应快、易维护；但制造困难，容量小。

三、油箱

油箱的作用主要是储存油液，此外还起着散发油液中热量（在周围环境温度较低的情况下则是保持油液中热量）、释放出混在油液中的气体、沉淀油液中污物等作用。液压系统中的油箱有整体式和分离式两种。

分离式油箱的典型结构如图 4-5-1 所示，油箱内部用隔板将吸油管与回油管隔开，利于杂质的沉淀，并防止油液振荡。

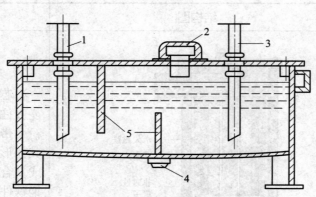

图 4-5-1　分离式油箱
1—吸油管　2—油箱盖　3—回油管
4—放油塞　5—隔板

四、管件

1. 油管

液压系统中使用的油管种类很多，有钢管、紫铜管、尼龙管、塑料管、橡胶管等，油管的特点及其适用范围如下。

（1）钢管

能承受高压，价格低廉，耐油，抗腐蚀，刚度高，但装配时不能任意弯曲；常用在装拆方便处作为压力管道，中、高压用无缝管，低压用焊接管。

（2）紫铜管

易弯曲成各种形状，但承压能力一般不超过 6.5～10 MPa，抗振能力较弱，又易使油液氧化。

（3）尼龙管

呈乳白色半透明状，加热后可以随意弯曲成形，冷却后又能定形，承压能力因材质而异，一般为 2.5～8 MPa。

（4）塑料管

质轻耐油，价格便宜，装配方便，但承压能力低，长期使用会变质老化，只适用于压力低于 0.5 MPa 的回油管、泄油管等。

（5）橡胶管

高压管由耐油橡胶夹几层钢丝编织网制成，钢丝网层数越多，耐压越高，价格越高，用作中、高压系统中两个相对运动件之间的压力管道；低压管由耐油橡胶夹帆布制成，可用作回油管道。

2. 管接头

管接头是油管与油管、油管与液压件之间的可拆式连接件，它必须具有装拆方便、连接牢固、密封可靠、外形尺寸小、通流能力大、压降小、工艺性好等特点。

管接头的种类很多，表 4-5-3 为几种常见的管接头形式。

表 4-5-3　常见的管接头形式

形式	图　　示
卡套式管接头	
扩口式管接头	
焊接式管接头	
固定铰接式管接头	

📋 知识总结

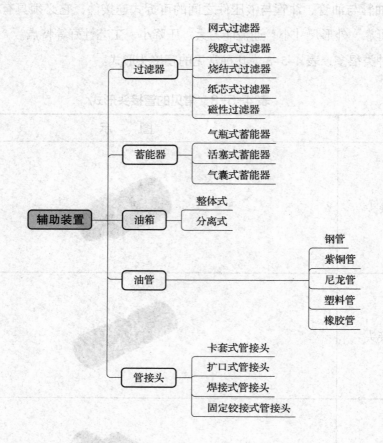

过滤器
- 网式过滤器
- 线隙式过滤器
- 烧结式过滤器
- 纸芯式过滤器
- 磁性过滤器

蓄能器
- 气瓶式蓄能器
- 活塞式蓄能器
- 气囊式蓄能器

辅助装置

油箱
- 整体式
- 分离式

油管
- 钢管
- 紫铜管
- 尼龙管
- 塑料管
- 橡胶管

管接头
- 卡套式管接头
- 扩口式管接头
- 焊接式管接头
- 固定铰接式管接头

课题六 液压基本回路

⚙ 学习目标

1. 掌握方向控制回路的原理及应用。

2. 掌握压力控制回路的原理及应用。

3. 了解速度控制回路的原理及应用。

4. 了解顺序动作控制回路的原理及应用。

　　机械设备的液压传动系统是由一些基本回路组成的。液压基本回路是由相关元件组成的用来完成特定功能的典型管路结构，它是液压传动系统的基本组成单元，主要包括方向控制回路、压力控制回路、速度控制回路、顺序动作控制回路四大类。

🔧 相关知识

一、方向控制回路

方向控制回路是控制和改变执行元件运行方向的基本回路，一般只需在动力元件与执行元件之间使用普通换向阀。

1. 换向回路

如图 4-6-1 所示换向回路由三位四通 M 型电磁换向阀控制液压缸换向，电磁铁 1YA 通电时，换向阀左位工作，活塞向右运动；电磁铁 2YA 通电时，换向阀右位工作，活塞向左运动；两个电磁铁断电时换向阀在中位，液压缸停止运动，液压泵卸荷。

2. 锁紧回路

如图 4-6-2 所示，液控单向阀和 H 型三位四通换向阀控制液压锁紧回路，能使液压缸在任意位置上停留，且停留后不会在外力作用下移动位置。

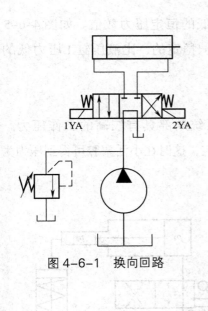

图 4-6-1 换向回路

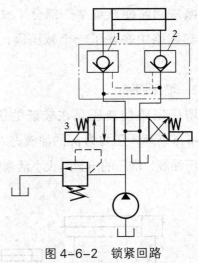

图 4-6-2 锁紧回路

1、2—液控单向阀

3—H 型三位四通换向阀

二、压力控制回路

压力控制回路是利用压力控制阀来控制系统或系统某一部分压力的基本回路，压力控制回路的主要类型如下。

1. 调压回路

调压回路是指使系统整体或某一部分的压力保持恒定的回路，主要由溢流阀组成，一般分为单级调压回路和多级调压回路。单级调压回路系统的工作压力稳定在溢流阀的调定压力（如发动机润滑系统的机油压力）附近，如图4-6-3所示。在先导式溢流阀的远程控制口处通过接入溢流阀、换向阀，可构成多级调压回路，先导压力必须大于远程压力，如图4-6-4所示。

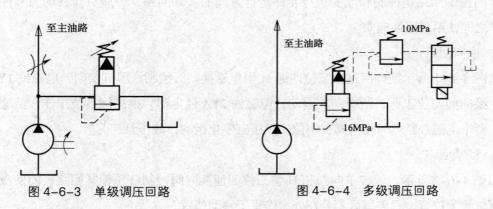

图4-6-3 单级调压回路   图4-6-4 多级调压回路

2. 减压回路

减压回路使系统某一部分（或子系统）具有较低的恒定压力数值。如图4-6-5所示，在回路中并联了一个减压阀，使液压缸2得到一稳定的、比液压缸1压力低的压力。

3. 增压回路

增压回路使液压泵在较低的压力下供油，而系统局部具有较高的工作压力。如图4-6-6所示，压力为 p_1 的油液进入增压缸的大活塞腔，这时在小活塞腔可得到压力为 p_2 的高压油液，增压的倍数是大小活塞的工作面积之比。

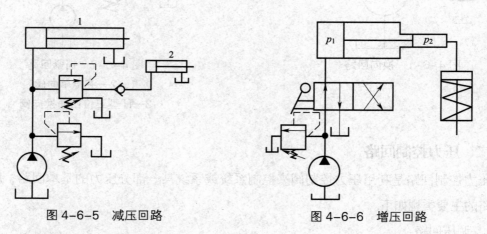

图4-6-5 减压回路   图4-6-6 增压回路

4. 卸荷回路

卸荷回路的作用是当执行元件短时停止工作时，使泵在接近零压的工况下运转，如图4-6-7所示。

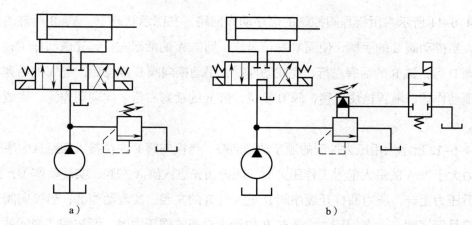

图 4-6-7　卸荷回路

a）三位三通换向阀中位机能卸荷　b）二位二通电磁换向阀卸荷

三、速度控制回路

用来调节执行元件运动速度的基本回路称为速度控制回路。常用的速度控制回路有节流调速回路、快速回路、速度换接回路等，这里主要介绍节流调速回路。

节流调速回路通过改变执行元件的输入流量，达到调节执行元件运动速度的目的，一般包括进油节流回路（图 4-6-8）、回油节流回路（图 4-6-9）、旁油节流回路（图 4-6-10）。这种调速方法的优点是结构简单、成本低、使用维护方便，但存在油液的液阻大、能量损失大、发热量大、效率低等缺点，因此常用于功率不大的场合。

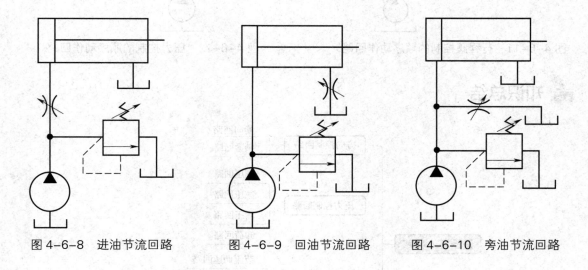

图 4-6-8　进油节流回路　　图 4-6-9　回油节流回路　　图 4-6-10　旁油节流回路

四、顺序动作控制回路

顺序动作控制回路用以控制多缸液压系统的动作顺序，使各液压缸严格按照顺序动作，主要包括行程阀控制的顺序动作回路和压力控制的顺序动作回路。

　　图 4-6-11 所示为用行程阀控制的顺序动作回路，在图示状态下，A、B 两缸的活塞均在右端。当推动阀 C 的手柄，使阀 C 左位工作，则缸 A 的活塞左行，完成动作①；挡块压下行程阀 D 后，缸 B 的活塞左行，完成动作②；手动换向阀 C 复位后，缸 A 的活塞右行复位，实现动作③；随着挡块后移，阀 D 复位，缸 B 的活塞右行，实现动作④。完成一个动作循环。

　　图 4-6-12 所示为用压力控制的顺序动作回路。当换向阀 E 左位接入回路且顺序阀 D 的调定压力大于缸 A 的最大前进工作压力时，压力油先进入缸 A 左腔，实现动作①；缸 A 行至终点后压力上升，压力油打开顺序阀 D 进入缸 B 的左腔，实现动作②；当换向阀 E 右位接入回路且顺序阀 C 的调定压力大于缸 B 的最大返回工作压力时，两缸按③和④的动作返回。

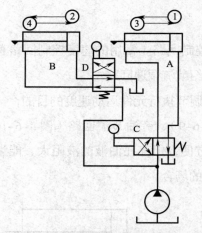

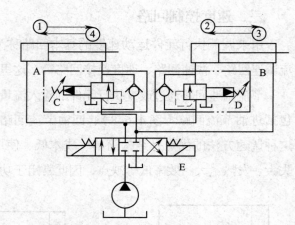

图 4-6-11　行程阀控制的顺序动作回路　　　　图 4-6-12　压力控制的顺序动作回路

⚡ 知识总结

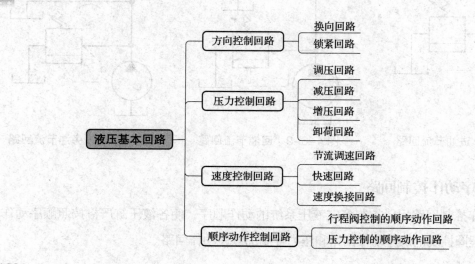

课题七 典型液压系统在汽车上的应用

学习目标

1. 了解典型液压系统的工作原理和特点。
2. 掌握液压系统在汽车上的应用。

相关知识

汽车发动机的润滑系统、制动系统、动力转向系统、制动防抱死装置、自动变速器等都是典型的液压系统，本节来简单介绍几种常用液压系统的工作情况。

实例1：发动机润滑系统的油路（图4-7-1）。

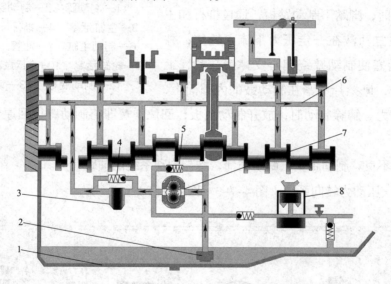

图4-7-1 发动机润滑系统油路的液压装置
1—油底壳 2—集滤器 3—粗滤器 4—旁通阀
5—溢流阀 6—主油道 7—机油泵 8—细滤器

润滑系统的作用是将润滑油不断地供给各零件的摩擦表面，减少零件的摩擦和磨损。发动机润滑系统的动力装置是机油泵，其可提高润滑油压力，保证润滑油在系统内不断循环。执行装置是润滑油润滑各工作表面。控制调节装置有溢流阀和旁通阀，溢流阀的作用是当油压超过规定压力时，溢流阀打开，润滑油直接流回油底壳，保证润滑系统的压力恒定；旁通阀的作用是当粗滤器堵塞时，打开旁通阀，使润滑油不经滤芯，从进油口直接到出油口至润滑系统保证供油。辅助装置有滤清器、油底壳和油道，滤清器的作用是在循环流动的润滑油送往运动零件表面之前，滤去润滑油中的金属屑和大气中的尘埃及燃料燃烧不完全所产生的炭粒；油底壳的作用是储存润滑油；油道用于连接各装置。工作介质为润滑油。

工作时，润滑油在机油泵的作用下，经集滤器吸入机油泵并压出，多数经粗滤器至主油道，润滑摩擦表面，少数经细滤器，回到油底壳。

润滑油压力过高、过低都是发动机润滑系统油路故障，其主要原因是润滑油堵塞或泄漏。

实例2：液压制动系统（图4-7-2）。

液压制动传动机构主要由制动踏板、推杆、制动主缸、制动轮缸和油管等组成。制动系统不工作时，制动蹄与制动鼓间有间隙，车轮和制动鼓可自由旋转。制动时，脚踏下制动踏板，通过推杆和主缸活塞，使主缸油液在一定压力下流入轮缸，并通过两轮缸活塞使制动蹄绕偏心支撑销转动，上端向两边分开，摩擦片压紧在制动鼓的内圆面上，从而产生制动力。解除制动时，放开制动踏板，回位弹簧即将制动蹄拉回原位，制动力消失。

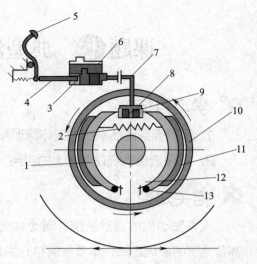

图4-7-2 汽车液压制动系统的组成
1—制动蹄 2—制动蹄回位弹簧
3—主缸活塞 4—推杆 5—制动踏板
6—制动主缸 7—油管 8—制动轮缸
9—轮缸活塞 10—制动鼓 11—摩擦片
12—制动底板 13—偏心支撑销

液压制动不良、制动跑偏、制动拖滞，均与制动系统的油路有关。

实例3：液压动力转向系统（图4-7-3～图4-7-5）。

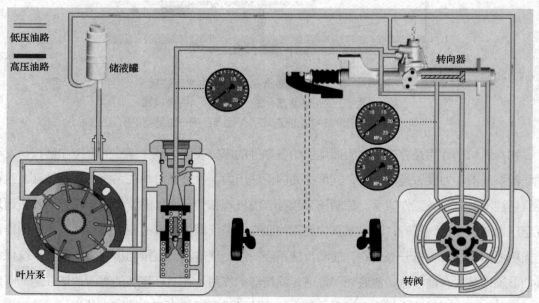

图4-7-3 汽车液压动力转向系统工作原理（不转向）

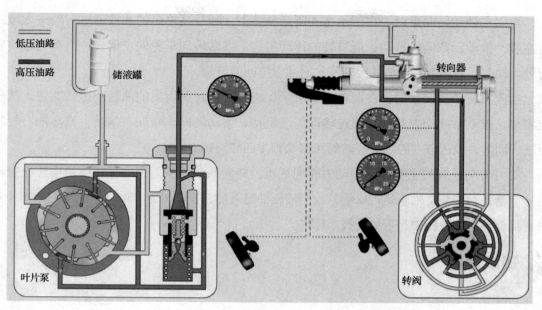

图 4-7-4 汽车液压动力转向系统工作原理（向左转）

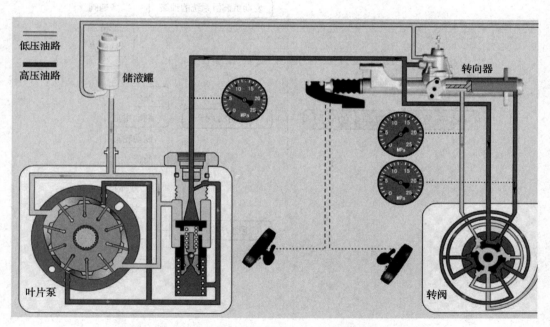

图 4-7-5 汽车液压动力转向系统工作原理（向右转）

图 4-7-3 所示为汽车液压动力转向系统工作原理图，其动力装置是双作用叶片泵，执行装置是转向器，控制装置是转阀式换向阀，辅助装置是储液罐、油管及管接头。汽车不转向时，叶片泵输出的油液，经过转阀回到储液罐，系统卸荷。液压缸两侧的油液压力相等，液压缸活塞不能推动转向传动机构工作，转向车轮保持直线行驶的位置，汽车直线行驶。

当向左转动转向盘时，在图 4-7-4 所示状态下，叶片泵输出的油液通过转阀进入液压缸左腔，推动活塞向右移动；通过转向传动机构，推动转向车轮向左偏转，汽车向左转向行驶。同时，液压缸右腔的油经转阀和回油管排回储液罐。

　　当向右转动转向盘时，在图 4-7-5 所示状态下，叶片泵输出的油液通过转阀进入液压缸右腔，推动活塞向左移动；通过转向传动机构，推动转向车轮向右偏转，汽车向右转向行驶。同时，液压缸左腔的油经转阀和回油管排回储液罐。

　　动力转向系统的主要故障是动力转向沉重、转向系统噪声。因此，在使用中应检查动力转向器是否漏油及轴承是否松动，检查液压油是否加注至储液罐"MAX"标记处。叶片泵主要检查输出油液压力是否达到技术标准。

知识总结

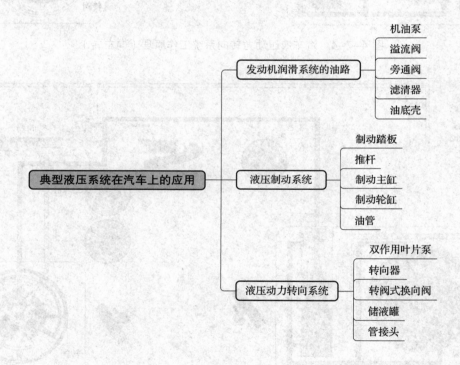

模块五
金属材料

金属元素或以金属元素为主构成的具有金属特性的材料统称为金属材料，包括纯金属、合金、金属间化合物和特种金属材料等。一辆汽车由几万个零件组成，这些零件是由各种材料组成的，其中 86% 为金属材料。

课题一 金属的性能

⚙ 学习目标
掌握金属材料的物理性能、化学性能和力学性能的概念及其表示符号。

🔧 相关知识
金属材料的性能决定着材料的适用范围及应用的合理性，它主要分为物理性能、化学性能、力学性能、工艺性能四个方面。

一、金属的物理性能
金属材料的物理性能有密度、熔点、导热性、导电性、热膨胀性、磁性等。

1. 密度

密度是物体单位体积内所具有的质量，用符号 ρ 表示，单位是 kg/m^3。

工程上常将密度小于 $5 \times 10^3\ kg/m^3$ 的金属称为轻金属，密度大于 $5 \times 10^3\ kg/m^3$ 的金属称为重金属。金属的密度通常作为选材的依据。图 5-1-1 所示发动机活塞，其用密度较小的铝合金制造是为了减小惯性。

2. 熔点

金属材料在缓慢加热的条件下，由固态开始熔化为液态时的温度，称为该金属的熔点，单位为摄氏度（℃）。工业上常用的金属中，锡的熔点最低，为 231.9 ℃；钨的熔点最高，为 3 410 ℃。

掌握各种金属材料和合金的熔点，对于铸造、焊接以及制备合金等方面都很重要。图 5-1-2 所示为发动机气门，是用熔点高的金

图 5-1-1　发动机活塞

143·

属材料制成的。

3. 导热性

导热性是指金属材料传导热量的能力。一般用导热系数来表示金属材料导热性能的优劣，导热系数又称热导率。金属的导热性越差，其加热或冷却时，部件表面和内部的温度差就越大，由此产生的内应力就越大，就越容易发生裂纹。一般来说，导电性好的材料，其导热性也好。银的导热性最好，其次是铜和铝。汽车上的散热器常用导热性好的铜和铝来制造，如图5-1-3所示。

图 5-1-2　发动机气门

图 5-1-3　汽车散热器

4. 导电性

金属材料传导电流的能力称为导电性。衡量金属材料导电能力的指标是电导率，电导率越大，其导电性能就越好。导电性以银最好，其次是铜和铝。汽车上广泛采用纯铜作为导体，如汽车起动机线束（图5-1-4）。

图 5-1-4　汽车起动机线束

5. 热膨胀性

金属材料在加热时体积增大的性能称为热膨胀性。一般用线膨胀系数来表示金属材料热膨胀性的大小，单位为1/℃。在生产实践中，必须考虑金属材料热膨胀性所产生的影响。如图5-1-5所示为转子式发动机，其转子与定子之间要留有足够的间隙，以防止机组启动加热时，因其热膨胀性的差异，发生转子与定子磨损事故。

6. 磁性

金属材料能导磁的性能称为磁性。根据这种性能的不同，通常将金属材料分为铁磁材料、顺磁材料和逆磁材料三种。铁磁材料有铁、钴、镍等，它们在外磁场中能强烈被磁化。铁磁材料是制造电动机、电器元件中不可缺少的材料，如汽车上的电动机及测量仪表的铁芯是用硅钢片、工业纯铁制造的。如图5-1-6所示为发电机转子。

图 5-1-5 转子式发动机

图 5-1-6 发电机转子

二、金属的化学性能

金属材料的化学性能是指在室温或高温条件下抵抗各种化学作用的能力，主要包括耐腐蚀性和抗氧化性。

1. 耐腐蚀性

耐腐蚀性是指金属材料抵抗酸碱化学物质侵蚀的能力。工作在酸、碱、油、水等环境下的零件在选材时要选用耐腐蚀性好的材料。

2. 抗氧化性

高温下金属材料不易被氧化的性能称为抗氧化性。金属零件被氧化会失去正常工作能力，因此，工作在高温环境下的零件在选材时要充分考虑材料的抗氧化性，如汽车发动机排气门。

三、金属的力学性能

机械零件或工具在使用过程中往往会受到各种形式外力的作用，这就要求金属材料必须具有一种承受机械载荷而不超过许可变形或不被破坏的能力，这种能力称为材料的力学性能。

金属表现出来的强度、塑性、硬度、韧性、疲劳强度等特征就是用来衡量金属材料在外力作用下所表现出的力学性能指标。

1. 强度

（1）定义

材料在静载荷作用下，抵抗永久变形（塑性变形）或断裂的能力称为强度。由于材料承受外力的方式不同，其变形存在多种形式，因此材料的强度又分为抗拉强度、抗压强度、抗扭强度、抗弯强度、抗剪强度等。

（2）强度指标

材料受外力作用后，导致其内部之间的相互作用力称为内力，其大小和外力相等，方向相反。单位面积上的内力称为应力。材料强度的大小用应力表示。

最常用的强度指标是抗拉强度 R_m 和屈服强度 R_{eL}，它们都是通过拉伸试验测定的。

依据拉伸试验中拉力 F 与伸长量 ΔL 之间的关系，在直角坐标系中绘出的曲线称为力—伸长曲线。如图 5-1-7 所示为塑性材料的力—伸长曲线，其拉伸过程分为弹性变形阶段、屈服阶段、强化阶段和缩颈阶段。

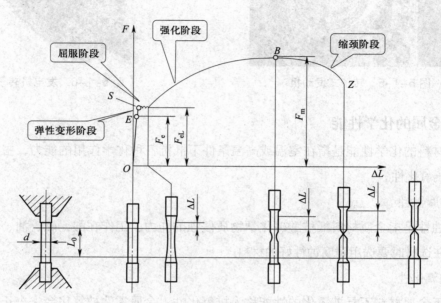

图 5-1-7　塑性材料的力—伸长曲线

d—试样直径　L_0—标距长度　ΔL—伸长量

1）OE——弹性变形阶段

F_e 为发生最大弹性变形时的载荷，在此段中外力与变形成正比，外力一旦撤去，变形将完全消失。

2）ES——屈服阶段

外力大于 F_e 后，材料将发生塑性变形，此时图形上出现平台或锯齿状，这种拉伸力不增加，变形却继续增加的现象称为屈服，F_{eL} 为屈服载荷。

3）SB——强化阶段

外力大于 F_{eL} 后，试样再继续伸长则必须不断增加拉伸力。随着变形增大，抵抗变形的力也逐渐增大，这种现象称为形变强化。F_m 为试样在屈服阶段之后所能抵抗的最大的力。

4）BZ——缩颈阶段

当外力达到最大力 F_m 时，试样的某一直径处发生局部收缩，称为"缩颈"。此时截面缩小，变形继续在此截面发生，所需外力也随之逐渐降低，直至断裂。

抗拉强度 R_m 表示材料在拉伸条件下所能承受的最大应力，屈服强度 R_{eL} 表示材料在拉伸条件下发生塑性变形前所能承受的最大应力。这两个强度指标是机械设计和选材的主要依据之一。钢的抗拉强度较好，常用于制造轴、齿轮、螺母等；铸铁的屈服强度较好，常用于制造各种机床的床身和底座。

2. 塑性

（1）定义

塑性是指材料在受到外力作用时，产生永久变形而不发生断裂的能力。

在外力作用下产生较显著变形而不被破坏的材料，称为塑性材料。在外力作用下发生微小变形即被破坏的材料，称为脆性材料。如图 5-1-8 所示，在切削钢件（塑性材料）时，形成的切屑产生了明显的塑性变形，切屑呈带状并发生卷曲；在切削铸铁件（脆性材料）时，切屑呈完全崩碎状态，分离的金属没有产生塑性变形就碎裂了。

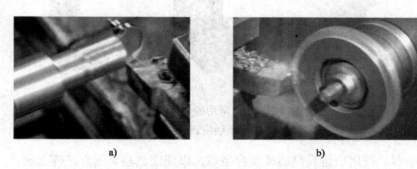

a)   b)

图 5-1-8 钢件与铸铁件切屑的比较
a）切削钢件 b）切削铸铁件

（2）塑性指标

塑性指标是通过拉伸试验获得的，用断后伸长率 A 和断面收缩率 Z 来表示。断后伸长率是指试样拉断后，标距的伸长量与原始标距之比的百分率。断面收缩率是指试样拉断后，缩颈处横截面面积最大缩减量与原始横截面面积之比的百分率。

A、Z 的数值越大，说明材料在破坏前受外力作用所产生的永久性变形越大，表示材料的塑性越好。材料具有塑性才能进行变形加工，塑性好的材料受力时要先发生塑性变形，然后才会断裂，所以制成的零件在使用时也较安全。

3. 硬度

（1）定义

材料表层抵抗局部变形特别是塑性变形、压痕或划痕的能力称为硬度，它是衡量材料软硬程度的指标。

机床刀具可以将工件表面的金属切削下来，说明刀具的硬度比其所加工工件的硬度要高（图 5-1-9）。材料的硬度越高，材料的耐磨性越好。机械加工中所用的刀具、量具、模具以及大多

图 5-1-9 工件切削

数机械零件都应具备足够的硬度，才能保证其使用性能和寿命，否则很容易因磨损而失效。因此，硬度是金属材料一项非常重要的力学性能。

（2）硬度的测试方法及指标

硬度是在专用的硬度试验机上测得的，如图5-1-10所示。常用的硬度试验法有布氏硬度试验法、洛氏硬度试验法和维氏硬度试验法。

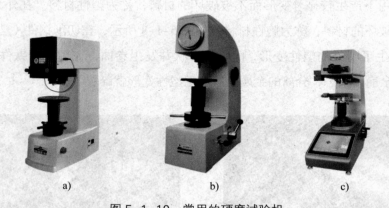

a)   b)   c)

图 5-1-10　常用的硬度试验机
a）布氏硬度试验机　b）洛氏硬度试验机　c）维氏硬度试验机

1）布氏硬度。使用一定直径的硬质合金球，以规定试验力压入试样表面，并保持规定时间后卸除试验力，然后通过测量表面压痕直径来计算布氏硬度。布氏硬度值是球面压痕单位面积上所承受的平均压力，用 HBW 表示，单位为 MPa。

布氏硬度常用来测试有色金属、软钢等较软材料的硬度。布氏硬度用硬度数值、硬度符号 HBW、压头直径、试验力及试验力保持时间表示。当保持时间为 10～15 s 时可不标。例如，170HBW10/1000/30 表示用直径 10 mm 的压头，在 9 807 N（1 000 kg）的试验力作用下，保持 30 s 时测得的布氏硬度值为 170；又如 600HBW1/30/20 表示用直径 1 mm 的压头，在 294.2 N（30 kg）的试验力作用下，保持 20 s 时测得的布氏硬度值为 600。

2）洛氏硬度。洛氏硬度是通过测量压痕深度来确定硬度值，无单位。同一台洛氏硬度试验机，当采用不同的压头和不同的总试验力时，可组成几种不同的洛氏硬度标尺。常用的洛氏硬度标尺有 A、B、C 三种，其中 C 标尺应用最广，常用来测试淬火钢等较硬材料的硬度。三种洛氏硬度标尺的试验条件和适用范围见表 5-1-1。

3）维氏硬度。维氏硬度的试验原理与布氏硬度基本相同，但采用正四棱锥金刚石压头进行试验，用符号 HV 表示，单位为 MPa。

维氏硬度因试验力小、压入深度浅、对测试表面要求高，因此主要用于测试较薄材料和材料表层的硬度，如测试表面渗碳、渗氮层的硬度。

表 5-1-1　三种洛氏硬度标尺的试验条件和适用范围

硬度标尺	压头类型	总试验力/N	硬度值适用范围	应用类型
HRC	120° 金刚石圆锥体	1 471.0	20～67HRC	一般淬火钢
HRB	ϕ1.588 mm 钢球	980.7	25～100HRB	软钢、退火钢、铜合金等
HRA	120° 金刚石圆锥体	588.4	60～85HRA	硬质合金、表面淬火钢等

4. 韧性

（1）定义

韧性是指材料抵抗冲击载荷作用而不发生破坏的能力。许多机械零件在工作中往往会受到冲击载荷的作用，如活塞销、锻锤杆、冲模、锻模等。制造这类零件必须考虑所用材料的韧性。

（2）韧性指标

材料的韧性用一次摆锤冲击试验来测定。一次摆锤冲击试验机如图 5-1-11 所示，被测材料制成的冲击试样如图 5-1-12 所示。

图 5-1-11　一次摆锤冲击试验机

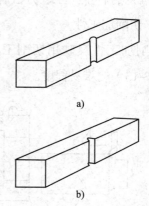

图 5-1-12　冲击试样
a）U 形缺口冲击试样
b）V 形缺口冲击试样

试验时，将试样缺口背向摆锤冲击方向。当摆锤从一定高度自由落下一次将试样击断时，缺口处单位横截面积上吸收的功，即表示冲击韧度，用 α_k 表示，单位为 J/cm^2。

5. 疲劳强度

（1）定义

金属材料抵抗交变载荷作用而不产生破坏的能力称为疲劳强度。

疲劳破坏是机械零件失效的主要原因之一，经常发生在使用时间较长或者超过使用寿命的机械零件上。据统计，在失效的机械零件中，大约有80%以上属于疲劳破坏，而且疲劳破坏前没有明显的变形，断裂前没有预兆，因此疲劳破坏经常造成重大事故。

弹簧、曲轴、齿轮等机械零件在工作过程中，所受载荷的大小、方向随时间做周期性变化，在金属材料内部引起的应力也发生周期性波动。此时，由于所承受的载荷为交变载荷，零件承受的应力虽低于材料的屈服强度，但经过长时间的工作后，仍会产生裂纹或突然发生断裂。金属材料所产生的这种断裂现象称为疲劳断裂。

（2）疲劳强度指标

疲劳强度指标用疲劳极限来衡量，用 R_{-1} 表示。疲劳极限是指金属材料承受无数次交变载荷而不会发生断裂的最大应力。

机械零件产生疲劳破坏的原因是材料表面或内部有缺陷。因此，为了提高零件的疲劳强度，除合理选材、减少材料内部缺陷外，改善零件的结构形式、减小零件表面粗糙度数值及采取各种表面强化的方法，都能取得一定效果。

四、金属的工艺性能

金属对各种加工工艺方法所表现出来的适应性称为工艺性能，主要有以下五个方面。

1. 切削加工性

切削加工性反映用切削工具（例如车削、铣削、磨削等）对金属材料进行切削加工（图5-1-13）的难易程度。

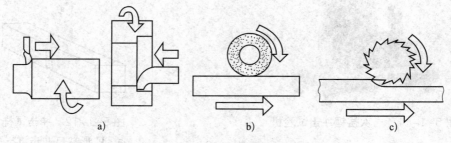

图5-1-13 金属的切削加工
a）车削　b）磨削　c）铣削

2. 可锻性

可锻性反映金属材料在压力加工过程中成形的难易程度，例如，将材料加热到一定温度时其塑性的高低（表现为塑性变形抗力的大小），允许热压力加工的温度范围大小，热胀冷缩特性以及与显微组织、力学性能有关的临界变形的界限，热变形时金属的流动性、导热性能等。

3. 可铸性

可铸性反映金属材料熔化浇铸成为铸件的难易程度，表现为熔化状态时的流动性、吸气性、氧化性、熔点，铸件显微组织的均匀性、致密性，以及冷缩率等。

4. 可焊性

可焊性反映金属材料在局部快速加热，使结合部位迅速熔化或半熔化（需加压），从而使结合部位牢固地结合在一起而成为整体的难易程度，表现为熔点、熔化时的吸气性、氧化性、导热性、热胀冷缩特性、塑性以及与接缝部位和附近用材显微组织的相关性、对力学性能的影响等。

5. 热处理性能

热处理性能指金属材料是否适应各种热处理方法的能力。金属热处理是机械制造中的重要工艺之一，与其他加工工艺相比，热处理一般不改变工件的形状和整体的化学成分，而是通过改变工件内部的显微组织，或改变工件表面的化学成分，赋予或改善工件的使用性能。

知识总结

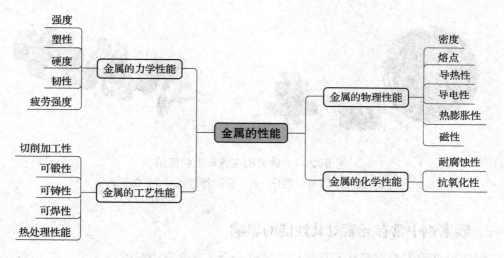

课题 二　碳　素　钢

学习目标

1. 能叙述碳及常存元素对碳素钢的影响。

2. 能区分碳素钢的分类及常用碳素钢的性能、牌号、用途。

相关知识

纯金属强度和硬度一般都较低，冶炼困难，且价格较高，其应用受到限制，在工业生产中广泛使用的是合金材料。合金是指以一种金属为基础，加入其他金属或非金属，经过熔合而获得的具有金属特性的材料。合金一般包含两种或两种以上的金属或非金属元素。以铁为基础的铁碳合金称为钢铁材料，又称为黑色合金。

碳素钢是含碳量大于 0.021 8% 小于 2.11% 且不含其他合金元素的铁碳合金。由于碳素钢容易冶炼，价格便宜，具有较好的力学性能和优良的工艺性能，可满足一般机械零件的使用要求。因此，在汽车制造、交通运输等部门中应用非常广泛。碳素钢在汽车上的应用如图 5-2-1 所示。

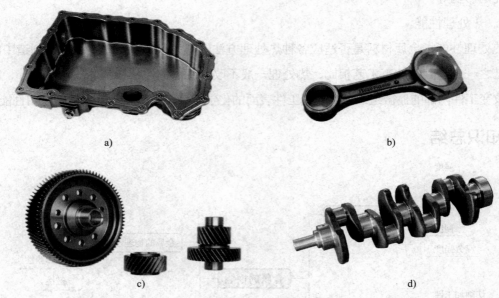

a)   b)

c)   d)

图 5-2-1 碳素钢在汽车上的应用

a）油底壳 b）连杆 c）变速器齿轮 d）曲轴

一、碳素钢中常存元素对其性能的影响

实际使用过程中碳素钢并不是单纯的铁碳合金，常含有少量的硅、锰、硫、磷等元素。碳素钢中的这些常存元素对钢的性能具有一定的影响。

1. 碳（C）的影响

碳是决定钢性能的主要元素。如图 5-2-2 所示为碳的质量分数对钢力学性能的影响。

（1）强度

碳的质量分数小于 0.9% 时，随着碳的质量分数的增加，钢的强度逐渐增强；当含碳量大于 0.9% 时，钢的强度随含碳量的增加而降低。

（2）硬度

随着碳的质量分数的增加，钢的硬度一直增强。

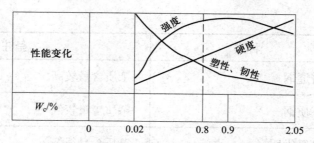

图 5-2-2　碳的质量分数对钢力学性能的影响

（3）韧性、塑性

随着碳的质量分数的增加，钢的塑性和韧性降低。

此外，钢中碳的质量分数对钢的焊接性能、铸造性能、热处理性能都有影响。由此可见，含碳量对钢的性能的影响是合理选用钢材所考虑的主要因素。

2. 锰（Mn）的影响

锰是钢中的有益元素，是炼钢时用锰铁脱氧而残留在钢中的。锰有很好的脱氧能力，还可以与硫形成 MnS，从而消除硫的有害作用。锰作为杂质其质量分数一般不应超过 0.8%。

3. 硅（Si）的影响

硅也是钢中的有益元素，它是作为脱氧剂而进入钢中的，硅的脱氧能力比锰强，能提高钢的强度。硅作为杂质其质量分数一般不应超过 0.4%。

4. 硫（S）的影响

硫是钢中的有害元素，常以 FeS 的形式存在，FeS 与 Fe 形成共晶体，熔点为 985 ℃，分布在晶界，当钢材在 1 000 ~ 1 200 ℃进行压力加工时，共晶体熔化，使钢材变脆，这种现象称为热脆。为了避免热脆，钢中平均硫的质量分数必须严格控制，通常应小于 0.05%。

5. 磷（P）的影响

磷也是钢中的有害元素，它使钢在低温时变脆，这种现象称为冷脆。因此，钢中平均磷的质量分数通常应小于 0.045%。

二、碳素钢的分类（表 5-2-1）

表 5-2-1　碳素钢的分类

分类方法	种类	备注
按含碳量分	低碳钢	平均碳的质量分数小于（含）0.25%
	中碳钢	平均碳的质量分数在 0.25% ~ 0.60%
	高碳钢	平均碳的质量分数大于（含）0.60%

续表

分类方法	种类	备注	
按质量（有害杂质元素硫、磷含量）分	普通钢	杂质含量较高	
	优质钢	杂质含量较低	
	高级优质钢	杂质含量很低	
按用途分	普通碳素结构钢	一般工程用钢	平均碳的质量分数一般都小于0.70%
	优质碳素结构钢	机械用钢	
	碳素工具钢	刃具、量具、模具用钢，平均碳的质量分数一般都大于0.70%	
按冶炼脱氧程度分	沸腾钢	有气泡带，脱氧程度不完全	
	镇静钢	脱氧程度完全	
	半镇静钢	脱氧程度介于沸腾钢和镇静钢之间	
	特殊镇静钢	脱氧完全	

三、碳素钢的牌号表示方法、含义及其在汽车上的应用（表5-2-2）

表5-2-2 碳素钢的牌号表示、含义及其在汽车上的应用

类别	牌号表示方法	牌号举例	含义	应用
碳素结构钢	用Q+数字表示，其中"Q"为屈服强度，"屈"字的汉语拼音字首，数字表示屈服强度数值。若牌号后面标注字母A、B、C、D，则表示钢材质量等级不同，含S、P的量依次降低，钢材质量依次提高。若在牌号后面标注字母"F"则为沸腾钢，标注"b"为半镇静钢，不标注"F"或"b"为镇静钢	Q275	表示屈服强度为275 MPa	汽车的连杆、齿轮、联轴器、销等零件
		Q235-AF	表示屈服强度为235 MPa的A级沸腾钢	制造汽车上所用的普通铆钉、螺钉、螺母

续表

类别	牌号表示方法	牌号举例	含义	应用
优质碳素结构钢	采用两位数字表示钢中平均碳的质量分数的万分数，以0.01%为单位	10F	沸腾钢平均碳的质量分数为0.10%	摩擦片、汽车车身等
		40钢	钢中平均碳的质量分数为0.40%	适用于制造小截面零件，或可承受较大载荷的零件，如曲轴、传动轴、活塞杆、连杆、链轮、齿轮
		70Mn	锰含量较高的优质碳素结构钢，钢中平均碳的质量分数为0.70%	各种弹簧圈、弹簧垫圈、止推环、离合器盘等
碳素工具钢	字母T+数字+（元素符号）+（质量等级符号），其中数字表示碳含量，以平均碳质量分数的千分之几表示。锰含量较高者，在钢号最后标出"Mn"，例如"T8Mn"	T8Mn	表示平均碳质量分数为0.80%。Mn含量较高	用来制造各种刃具、模具、量具
铸钢	在ZG后面加两组数字，第一组表示屈服强度最低值，第二组表示抗拉强度最低值，之间用"–"隔开	ZG200–400	铸钢屈服强度为200 MPa，抗拉强度为400 MPa	汽车上的曲轴、联轴器等

知识总结

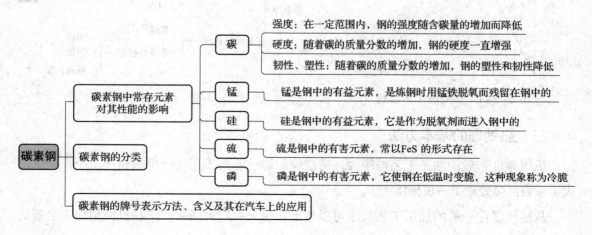

碳素钢
- 碳素钢中常存元素对其性能的影响
  - 碳
    - 强度：在一定范围内，钢的强度随含碳量的增加而降低
    - 硬度：随着碳的质量分数的增加，钢的硬度一直增强
    - 韧性、塑性：随着碳的质量分数的增加，钢的塑性和韧性降低
  - 锰：锰是钢中的有益元素，是炼钢时用锰铁脱氧而残留在钢中的
  - 硅：硅是钢中的有益元素，它是作为脱氧剂而进入钢中的
  - 硫：硫是钢中的有害元素，常以FeS的形式存在
  - 磷：磷是钢中的有害元素，它使钢在低温时变脆，这种现象称为冷脆
- 碳素钢的分类
- 碳素钢的牌号表示方法、含义及其在汽车上的应用

课题三 钢的热处理

学习目标

1. 了解钢热处理的目的、分类和应用。
2. 掌握钢热处理的基本方法。

相关知识

一、热处理的目的

热处理是将固态的金属或合金采用适当的方式进行加热、保温和冷却以获得所需要的组织结构与性能的工艺。热处理工艺过程可用以温度—时间为坐标的曲线图表示。图 5-3-1 所示为热处理工艺曲线。

通过热处理不仅可以提高和改善钢的使用性能和工艺性能，而且能充分发挥材料的性能潜力，延长零件的使用寿命，提高产品的质量和经济效益。因此，热处理工艺在机械制造业中应用极为广泛。

二、热处理的分类

钢的常用热处理方法如图 5-3-2 所示。

热处理能使钢的性能发生变化的根本原因是铁具有同素异构转变的特性，从而使钢在加热和冷却过程中，发生组织和结构上的变化。

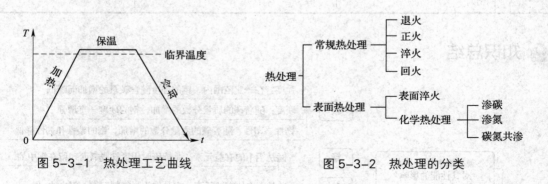

图 5-3-1　热处理工艺曲线　　　　图 5-3-2　热处理的分类

三、热处理的基本方法

机械零件一般的加工工艺顺序为：铸造或锻造→退火或正火→机械粗加工→淬火＋回火（或表面热处理）→机械精加工。

从机械零件一般的加工工艺顺序可以看出，退火和正火通常安排在机械粗加工之前进行，作为预先热处理，其作用是消除前一工序所造成的某些组织缺陷及内应力，改善材料的切削性能，为随后的切削加工以及热处理（淬火+回火）做好准备。对于某些不太重要的工件，正火也可作为最终热处理工序。

1. 退火

退火是指将钢加热到适当温度，保持一定时间，然后缓慢冷却（一般随炉冷却）的热处理工艺。

2. 正火

正火是指将钢加热到一定温度，保温适当的时间后，在空气中冷却的工艺方法。正火的冷却速度比退火快，正火后得到的组织比较细，强度、硬度比退火钢高。

通常金属材料最适合切削加工的硬度在170~230HBW。因此，作为预备热处理，对欲进行切削加工的钢件，应尽量使其硬度处于这一硬度范围内。

3. 淬火和回火

当机械零件完成机械粗加工后，要满足其使用性能就必须再提高它们的强度、硬度并保持一定的韧性，以承受工作时受到的强烈挤压、摩擦和冲击。为此在粗加工后，精加工之前，还要对它们进行淬火和回火。

（1）淬火

将钢件加热到一定温度以上的适当温度，经保温后快速冷却，以获得马氏体或下贝氏体组织的热处理工艺称为淬火。淬火的目的是获得马氏体组织，提高钢的强度、硬度和耐磨性。

（2）回火

回火是指将淬火后的钢重新加热到一定温度，保温一定时间，然后冷却到室温的热处理工艺。

淬火后的零件必须马上进行回火处理，以稳定组织、消除内应力，防止工件变形、开裂和获得所需要的力学性能。在回火加热过程中，随着组织的变化，钢的性能也随之发生改变。其变化规律是随着加热温度的升高，钢的强度、硬度下降，而塑性、韧性提高。

4. 调质处理

生产中把淬火及高温回火相结合的热处理工艺称为"调质"，由于调质处理后工件可获得良好的综合力学性能，不仅强度较高，而且有较好的塑性和韧性，这就为零件在工作中承受各种载荷提供了有利条件。因此，重要的受力复杂的结构零件一般均采用调质处理。

5. 表面淬火和化学热处理

在机械设备中，有许多零件是在冲击载荷、扭转载荷及摩擦条件下工作的，如汽车的变速齿轮等（图5-3-3），它们要求表面具有很高的硬度和耐磨性，而心部要具有足够的塑性和韧性。这一要求如果仅从选材方面去解决是十分困难的，若用高碳钢，硬度高，但心部韧性不足；相反，若用低碳钢，心部韧性好，但表面硬度低，不耐磨。为了满足上述要求，实际生产中一般先通过选材和常规热处理满足心部的力学性能，然后再通过表面热处理的方法强化零件表面的力学性能，以达到零件"外硬内韧"的性能要求。常用的表面热处理方法有表面淬火和化学热处理两种。

图 5-3-3　汽车变速齿轮

（1）表面淬火

表面淬火是一种仅对工件表层进行淬火的热处理工艺，它不改变钢的表层化学成分，但改变表层组织。

（2）化学热处理

将工件置于一定温度的活性介质中保温，使一种或几种元素渗入它的表层，以改变其化学成分、组织和性能的热处理工艺称为化学热处理。与其他热处理相比，化学热处理不仅改变了钢的组织，而且表层的化学成分也发生了变化，因而能更有效地改变零件表层的性能。

知识总结

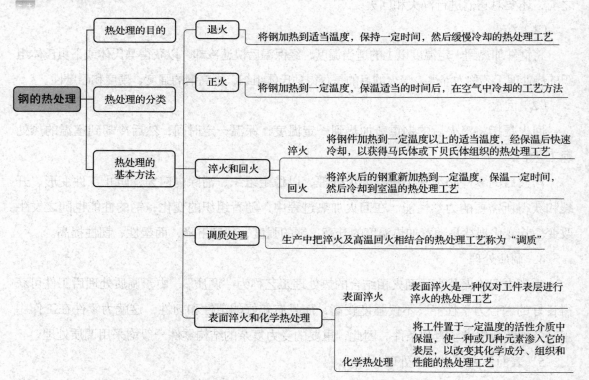

课题四 合 金 钢

学习目标

1. 了解合金钢的分类。
2. 熟悉合金结构钢、合金工具钢、特殊性能钢等的牌号、性能及其在汽车上的应用。
3. 掌握常用合金钢的牌号、性能。

相关知识

汽车上的一些重要零件工作条件比较复杂，为了保证汽车零件的可靠性，一些重要零件大都采用合金钢制造。

合金钢是在碳素钢的基础上，为了改善钢的性能，在冶炼时有目的地加入一些合金元素的钢。合金钢中除了硅、锰、硫、磷外，常用的合金元素还包括铬、镍、钨、钼、钒、硼、铝、钛及稀土元素。

一、合金钢的分类（表 5-4-1）

表 5-4-1 合金钢的分类

分类依据	类别	说明及应用
按用途分	合金结构钢	用于制造机械零件和工程结构的钢，其又可以分为低合金高强度钢、渗碳钢、调质钢、弹簧钢、滚动轴承钢等
	合金工具钢	用于制造各种工具的钢，可分为刃具钢、模具钢和量具钢等
	特殊性能钢	具有某种特殊物理、化学性能的钢，如不锈钢、耐热钢、耐磨钢等
按合金元素总含量分	低合金钢	合金元素总质量分数低于 5%
	中合金钢	合金元素总质量分数为 5%~10%
	高合金钢	合金元素总质量分数高于 10%

二、合金钢的牌号

1. 合金结构钢

合金结构钢的牌号采用两位数字（碳质量分数的万分数）+ 元素符号（或汉字）+ 数字表示。前面两位数字表示钢的平均碳质量分数的万分数；元素符号（或汉字）表示钢中含有的主要合金元素，后面的数字表示该合金元素的平均质量分数。合金元素平均质量分数小于 1.5% 时不标，平均质量分数为 1.5%～2.5%，2.5%～3.5%……时，则相应地标以 2，3……

例如：

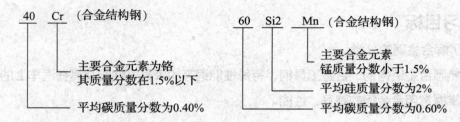

2. 合金工具钢

合金工具钢的牌号和合金结构钢的区别仅在于碳含量的表示方法，它用一位数字表示平均含碳量的千分数，当碳含量大于或等于 1.0% 时，则不予标出。

例如：

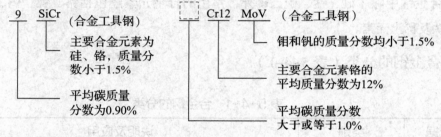

3. 特殊性能钢的牌号和合金工具钢的表示方法相同，如不锈钢 2Cr13 表示平均碳质量分数为 0.20%，平均铬质量分数为 13%。当平均碳质量分数为 0.03%～0.10% 时，用 0 表示，碳质量分数小于等于 0.03% 时，用 00 表示。如 0Cr18Ni9 钢的平均碳质量分数为 0.03%～0.10%，00Cr30Mo2 钢的平均碳质量分数小于 0.03%。

4. 高速钢碳质量分数均不标出，如 W18Cr4V 钢的平均碳质量分数为 0.7%～0.8%。

5. 对于一些特殊专用钢，为表示钢的用途，在钢的牌号前面冠以汉语拼音字母字头，且不标含碳量，合金元素含量的标注也和上述有所不同。例如，滚动轴承钢前面标"G"（"滚"字的汉语拼音字母字头），如 GCr15 钢中铬元素后面的数字表示平均铬质量分数的千分数，其他元素仍按百分数表示。如 GCr15SiMn 表示平均铬质量分数为 1.5%，硅、锰质量分数均小于 1.5% 的滚动轴承钢。又如易切钢也是在牌号前冠以拼音字母"Y"，如 Y15 表示平均碳质量分数为 0.15% 的易切钢。

6. 各种高级优质合金钢在牌号的最后标上"A"，如 38CrMoAlA，表示平均碳质量分数为 0.38% 的高级优质合金结构钢。

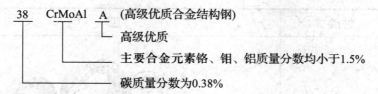

38　CrMoAl　A　(高级优质合金结构钢)

　　　　　　└── 高级优质

　　　　　└── 主要合金元素铬、钼、铝质量分数均小于1.5%

　└── 碳质量分数为0.38%

三、合金钢的性能及其在汽车上的应用（表5-4-2）

表 5-4-2　合金钢的性能及其在汽车上的应用

类别		性能	应　用
合金结构钢	低合金结构钢	具有良好的塑性、韧性、耐腐蚀性和焊接性	汽车风扇叶　　　　　汽车保险杠护罩
	合金渗碳钢	渗碳层具有优异的耐磨性、抗疲劳性及适当的塑性和韧性，未渗碳的心部具有足够的强度及优良的韧性	汽车的变速齿轮，内燃机上的凸轮轴、活塞销等 万向节十字轴　　　　　液压挺柱
	合金调质钢	具有良好的综合力学性能	汽车曲轴
	合金弹簧钢	具有较好的韧性	汽车钢板弹簧

续表

类别		性能	应　用
合金结构钢	滚动轴承钢	具有高的强度、硬度和耐磨性	汽车上的滚动轴承
合金工具钢		合金工具钢的淬硬性、淬透性、耐磨性和韧性均比碳素工具钢高	各种工具
特殊性能钢	不锈钢	较高的抗氧化能力	不锈钢消声器 不锈钢装饰条
	耐热钢	高温下具有良好的抗氧化性能，并具有较高的高温强度	发动机气门

续表

类别	性能		应　用
特殊性能钢	耐磨钢	高的耐磨性，很强的加工硬化能力和良好的韧性	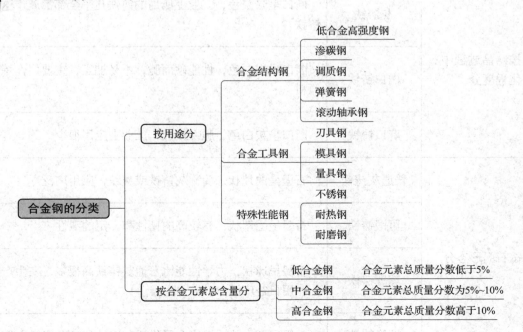履带
			挖掘机铲斗

⚡ 知识总结

合金钢的分类
- 按用途分
  - 合金结构钢
    - 低合金高强度钢
    - 渗碳钢
    - 调质钢
    - 弹簧钢
    - 滚动轴承钢
  - 合金工具钢
    - 刃具钢
    - 模具钢
    - 量具钢
  - 特殊性能钢
    - 不锈钢
    - 耐热钢
    - 耐磨钢
- 按合金元素总含量分
  - 低合金钢　合金元素总质量分数低于5%
  - 中合金钢　合金元素总质量分数为5%~10%
  - 高合金钢　合金元素总质量分数高于10%

课题 五 铸 铁

学习目标

1. 了解铸铁在汽车上的应用。
2. 掌握铸铁的分类以及各种铸铁的牌号、性能和应用。

相关知识

铸铁是碳质量分数大于 2.11% 的铁碳合金，其碳质量分数一般为 2.11% ~ 4%，除碳外，铸铁还含有硅、锰、硫、磷等元素。铸铁在汽车上的应用非常广泛，约占汽车所用金属材料的 50%，汽车发动机曲轴、气缸体、连杆、凸轮轴、中重型载货汽车后桥外壳、轿车转向节等均是用铸铁制造的。

一、铸铁的分类（表 5–5–1）

表 5-5-1　铸铁的分类

分类依据	类别	说明及应用
按结晶过程中石墨化程度分	灰铸铁	断口呈暗灰色，工业上所用的铸铁几乎全部都属于这类铸铁
	白口铸铁	断口呈银白色，性能硬而脆，不易加工，主要用作炼钢原料
	麻口铸铁	断口呈灰白色，脆性较大，工业上应用很少
按石墨形态分	普通灰铸铁	石墨呈曲片状，简称灰铸铁或灰铁，应用广泛
	可锻铸铁	石墨呈团絮状，有较高的韧性和一定的塑性
	球墨铸铁	石墨呈球状，力学性能比普通灰铸铁高很多，在生产中的应用日益广泛
	蠕墨铸铁	石墨呈蠕虫状，性能介于优质灰铸铁和球墨铸铁之间

二、铸铁的牌号、性能和应用（表 5-5-2）

表 5-5-2　铸铁的牌号、性能和应用

名称	牌号及举例说明		主要性能	应用
灰铸铁	HT（"灰铁"两字汉语拼音的第一个字母）+ 一组数字	HT200 表示最低抗拉强度为 200 MPa 的灰铸铁	有良好的铸造性能和切削性能，较高的耐磨性、减振性及较低的缺口敏感性	应用广泛，如机床床身、支柱、底柱、刀架、齿轮箱、轴承座、泵体等 轴承座
可锻铸铁	KT（"可铁"两字汉语拼音的第一个字母）+ 两组数字	H（黑心可锻铸铁） KTH300-06 表示最低抗拉强度为 300 MPa，最低伸长率为 6% 的黑心可锻铸铁	具有较高的强度，塑性和韧性比灰铸铁有很大提高，但不能锻造	广泛应用于汽车、拖拉机制造行业，常用来制造形状复杂、承受冲击载荷的薄壁、中小型零件 汽车后桥外壳
		Z（珠光体可锻铸铁） KTZ450-06 表示最低抗拉强度为 450 MPa，最低伸长率为 6% 的珠光体可锻铸铁		

续表

名称	牌号及举例说明		主要性能		应用	
球墨铸铁	QT（"球铁"两字汉语拼音的第一个字母）+两组数字	QT400–18表示最低抗拉强度为400 MPa，最低伸长率为18%的球墨铸铁	具有良好的力学性能和工艺性能，并能通过热处理使其力学性能在较大范围内变化，可以球墨铸铁代替碳素钢、合金钢和可锻铸铁	制造一些受力复杂，强度、硬度、韧性和耐磨性要求较高的零件，如内燃机曲轴、凸轮轴、连杆、减速器齿轮、机床主轴等		曲轴 连杆
蠕墨铸铁	RUT（"蠕"字汉语拼音和"铁"字汉语拼音第一个字母）+一组数字	RUT340表示最低抗拉强度为340 MPa的蠕墨铸铁	介于灰铸铁和球墨铸铁之间，抗拉强度和疲劳强度相当于球墨铸铁，减振性、导热性、耐磨性、切削加工性和铸造性近似灰铸铁	主要用于承受循环载荷，并且要求组织细密、强度较高、形状复杂的零件，如排气管、气缸盖、汽车底盘零件等		排气管和消声器

知识总结

```
                          ┌─────────────────────┐         灰铸铁    断口呈暗灰色
                          │ 按结晶过程中石墨化程度分 │ ─────── 白口铸铁   断口呈银白色
                          └─────────────────────┘         麻口铸铁   断口呈灰白色
        ┌─────────┐
        │ 铸铁的分类 │ ────┤
        └─────────┘                                       普通灰铸铁  石墨呈曲片状
                          ┌─────────────────────┐         可锻铸铁   石墨呈团絮状
                          │ 按石墨形态分          │ ─────── 球墨铸铁   石墨呈球状
                          └─────────────────────┘         蠕墨铸铁   石墨呈蠕虫状
```

课题六 有色金属

学习目标

1. 掌握铝及铝合金、铜及铜合金的牌号、性能和应用。

2. 了解硬质合金、轴承合金的牌号、性能和应用。

相关知识

除黑色金属（铁碳合金）以外的其他金属统称为有色金属。有色金属具有特殊的性能，可以满足机件的工作需要。汽车上常用的有色金属有铝及铝合金、铜及铜合金、轴承合金、硬质合金等。

一、铝及铝合金

铝及铝合金的分类、牌号、性能及应用见表 5-6-1。

表 5-6-1　铝及铝合金的分类、牌号、性能及应用

有色金属	牌号及举例说明	性能	应用
纯铝（银白色）	L+ 顺序号（顺序号越大，纯度越低） L1、L2…L6	密度小、塑性好，且具有良好的导电性、抗腐蚀性和加工工艺性能（可以冷、热变形加工，还可以通过热处理强化，提高铝的强度）	广泛应用于电气工程、航天和汽车等行业。如发动机活塞、汽车轮毂 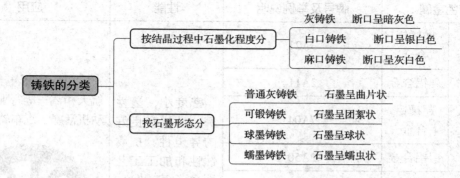 汽车铝合金轮毂

续表

有色金属			牌号及举例说明	性能	应用
铝合金	变形铝合金	防锈铝合金	3A21	密度小、塑性好，且具有良好的导电性、抗腐蚀性和加工工艺性能（可以冷、热变形加工，还可以通过热处理强化，提高铝的强度）	广泛应用于电气工程、航天和汽车等行业。如发动机活塞、汽车轮毂
		硬铝合金	2A11		
		超硬铝合金	7A04		
		锻铝合金	2A50		
	铸造铝合金		ZL+三位数字（第一位数字表示铝合金的类别：1为铝硅合金，2为铝铜合金，3为铝镁合金，4为铝锌合金；后两位数字表示合金的顺序号），例如 ZL101、ZL102、ZL201、ZL202		汽车铝合金轮毂

二、铜及铜合金

铜及铜合金在汽车上的应用也非常广泛，如铜气缸垫、铜散热器、铜黄油嘴、铜基摩擦片等。汽车上使用的铜主要是纯铜、黄铜和青铜。

铜及铜合金的分类、牌号、性能及应用见表 5-6-2。

表 5-6-2　铜及铜合金的分类、牌号、性能及应用

有色金属			牌号及举例说明	性能	应用
纯铜（又称紫铜）			T+顺序号（顺序号越大，纯度越低）	具有良好的导电性、导热性、塑性和抗腐蚀性	导电、导热、耐腐蚀器具材料，如电线、铜管、蒸发器、电气开关等
			T1、T2、T3		
铜合金	黄铜	普通黄铜	H+数字（平均铜质量分数的百分数）	H90 有优良的耐腐蚀性、导热性和冷变形能力	常用于镀层、艺术装饰品、奖章和散热器等
			H90（金色黄铜）、H68（弹壳黄铜）	H68 有优良的冷、热塑性变形能力	适宜用冷冲压制造形状复杂而又耐腐蚀的管、套类零件，如弹壳、波纹管等

续表

有色金属		牌号及举例说明	性能	应用
铜合金	黄铜 特殊黄铜	H+ 主加元素符号（锌除外）+ 铜质量分数的百分数 + 主加元素质量分数的百分数	有优良的耐腐蚀性、导热性和热变形能力	主要用于船舶零件、热冲压及切削加工零件、耐腐蚀零件，如螺钉、螺母、轴套等
		HPb59–1 表示铜质量分数为 59%，铅质量分数为 1% 的铅黄铜		
	青铜 锡青铜	Q+ 主加元素符号及质量分数 + 其他加入元素的质量分数	锡质量分数小于 8% 的锡青铜，具有较好的塑性和适当的强度；锡质量分数大于 10% 的锡青铜，强度、硬度更高，而塑性较差	锡质量分数小于 8% 的锡青铜适用于压力加工（冷轧、深冲、冷拉丝等）；锡质量分数大于 10% 的锡青铜适用于铸造
	铝青铜		具有好的耐腐蚀性、耐磨性、耐热性和力学性能	常用来铸造承受重载、耐腐蚀和耐磨的零件，如齿轮、蜗轮、轴套等
	硅青铜	QSn4–3 表示锡质量分数为 4%，锌质量分数为 3%，其余为铜的锡青铜	具有很高的力学性能和耐腐蚀性，并具有良好的铸造性能和冷、热变形加工性能	常用来制造耐腐蚀和耐磨零件
	铍青铜		较高的强度、硬度、抗疲劳性，良好的导电性和导热性	主要用作精密仪表、仪器中的弹性零件，耐磨、耐腐蚀零件（如钟表齿轮，高温、高压、高速工作的轴承）和其他重要零件（如航空罗盘等）
	白铜	B+ 镍质量分数的百分数 + 主加元素符号及含量 + 其他加入元素的含量	良好的耐腐蚀性、焊接性，强度高，弹性好	主要用于制造精密机械与仪表的耐腐蚀件及电阻器、电热偶等
		B30 表示镍质量分数为 30% 的白铜；BMn3–12 表示锰质量分数为 3%，镍质量分数为 12%，其余为铜的白铜		

三、轴承合金

用于制造滑动轴承（图5-6-1）的材料称为轴承合金。轴承在汽车上的应用非常广泛，如发动机中的曲轴轴承、连杆轴承、凸轮轴轴承等。轴承的工作条件非常恶劣，不但要承受交变载荷，还要承受高速摩擦、高温等。因此，轴承合金必须满足以下要求：良好的耐磨性和减摩性；有一定的抗压强度和硬度，有足够的疲劳强度和承载能力；塑性和冲击韧度良好；具有良好的抗咬合性；良好的顺应性；好的嵌镶性；要有良好的导热性、耐腐蚀性和小的热膨胀系数。

图5-6-1　滑动轴承

轴承合金的组织主要有两类：软相基体上均匀分布着硬相质点，或硬相基体上均匀分布着软相质点。常用轴承合金有锡基轴承合金、铅基轴承合金和铝基轴承合金。

1. 锡基轴承合金

锡基轴承合金中锡质量分数为80%～90%，锑质量分数为3%～16%，铜质量分数为1.5%～10%，其组织为在软基体（α固溶体）上分布着硬质点β相（以化合物SnSb为基的固溶体）。加入铜可以防止密度偏析。

常用牌号有ZchSnSb12-4-10、ZchSnSb11-6、ZchSnSb8-4等。

这类合金具有较小的线膨胀系数，良好的导热性能、工艺性能和耐腐蚀性。熔融法制备、压力加工成材。

主要用作汽车、拖拉机、汽轮机等机械上的高速轴承。

2. 铅基轴承合金

铅基轴承合金是一种以铅和锑为基的轴承合金，其室温组织为软基体α固溶体（锑溶入铅中的固溶体）上分布着硬质点β相（铅溶入锑中的固溶体）。为了提高强度、硬度和耐磨性，通常锡质量分数为6%～16%，为了防止密度偏析，常加入1%～2%铜。此外，加入少量砷和镉可以细化组织，提高合金的高温硬度。与锡基轴承合金相比，铅基轴承合金的强度、硬度、耐磨性、冲击韧度均较低，通常制成双层或三层金属结构，用作低速、低载荷或静载下工作的中等负荷的轴承，以及高速、低载荷、温度低于-150℃的轴承。

常用牌号有ZchPbSb16-16-2、ZchPbSb15-5-3和ZchPbSb15-10等。

铅基轴承合金是铅锑锡铜合金，它的硬度适中，磨合性好，摩擦系数稍大，韧性很低。因此，它适用于浇注受振动较小、载荷较轻或速度较慢的轴瓦。主要用于电缆、蓄电池等。

3. 铝基轴承合金

铝基轴承合金属于硬基体软质点的轴承合金，它主要包括铝锑镁合金、低锡铝合金和高锡铝合金。铝锑镁合金和低锡铝合金力学性能好，承载能力强，但减摩性差，一般用在柴油机上。高锡铝合金以铝为基，加入1%的铜、20%的锡，它具有良好的减摩性、导热性和较好的力学性能，广泛应用于柴油机和汽油机上。常用牌号有ZAlSn6Cu1Ni1。

四、硬质合金

硬质合金是以高硬度难熔金属的碳化物（WC、TiC）微米级粉末为主要成分，以钴（Co）或镍（Ni）、钼（Mo）为黏结剂，在真空炉或氢气还原炉中烧结而成的粉末冶金制品。

硬质合金具有硬度高、耐磨、强度和韧性较好、耐热、耐腐蚀等一系列优良性能，特别是它的高硬度和耐磨性，即使在500 ℃的温度下也基本保持不变，在1 000 ℃时仍有很高的硬度。

硬质合金牌号的表示方法及示例见表5-6-3。

表5-6-3　硬质合金牌号的表示方法及示例

分类	牌号表示方法	举例	
		牌号	含义
钨钴类硬质合金（K类硬质合金）	用字母"YG"加数字表示，数字表示钴质量分数的百分数	YG3X YG8C YG8A	钴质量分数为3% 钴质量分数为8% 钴质量分数为8%
钨钴钛类硬质合金（P类硬质合金）	用字母"YT"加数字表示，数字表示碳化钛质量分数的百分数	YT5 YT15	碳化钛质量分数为5% 碳化钛质量分数为15%
钨钛钽（铌）类硬质合金（M类硬质合金）	用字母"YW"加顺序号表示	YW1 YW2	—

注：牌号后标"X"代表该合金是细颗粒，标"C"代表该合金是粗颗粒，不标字母为一般颗粒合金；标"A"代表在原合金基础上，还含有少量TaC或NbC合金。

知识总结

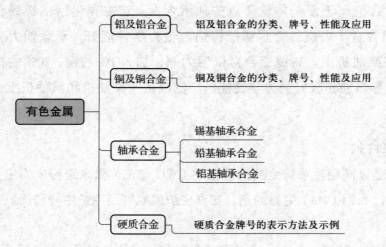

课题七　金属的腐蚀及防腐方法

学习目标

了解金属腐蚀形成的原因及一般的防腐方法。

相关知识

一、金属的腐蚀

金属腐蚀是一种普遍现象，按照腐蚀的机理不同可分为化学腐蚀和电化学腐蚀。

1. 化学腐蚀

单纯由化学作用而引起的腐蚀称为化学腐蚀，如金属与硫化氢、二氧化硫、氯气等气体反应生成相应的硫化物、氯化物等化合物，使金属遭到破坏。

2. 电化学腐蚀

不纯的金属跟电解质溶液接触时，会发生原电池反应，比较活泼的金属失去电子而被氧化，这种腐蚀称为电化学腐蚀。

钢铁在潮湿的空气中所发生的腐蚀是典型的电化学腐蚀。钢铁在干燥的空气中不易腐蚀，但在潮湿的空气中却很快就会腐蚀。因为在潮湿的空气中，钢铁的表面吸附了一层薄薄的水膜，这层水膜里含有少量的氢离子与氢氧离子，还溶解了氧气等气体，在钢铁表面形成了一层电解质溶液，它跟钢铁里的铁和少量的碳恰好形成无数微小的原电池。在这些原电池中，铁是负极，碳是正极，铁失去电子而被氧化。电化学腐蚀是造成钢铁腐蚀的主要原因。

二、金属的防腐方法及其在汽车上的应用

金属腐蚀造成了极大的浪费，必须尽可能地减少金属腐蚀，常用的防腐方法有以下几种。

1. 提高金属本身的耐腐蚀性

加入一定量的合金元素（如铬、镍等）不仅可以使钢的表面形成一层钝化膜，还可以使钢在常温下呈单相组织，从而消除电极电位差。这种方法是从金属自身上增加耐腐蚀能力。如图 5-7-1 所示汽车上的不锈钢装饰条就是采用的这种防腐方法。

2. 保护层法

在金属表面覆盖保护层，使金属制品与周围腐蚀介质隔离，从而防止腐蚀。

（1）在钢铁制件表面涂上润滑油、凡士林、油漆或覆盖搪瓷、塑料等耐腐蚀的非金属材料。

（2）用电镀、热镀、喷镀等方法在钢铁表面镀上一层不易被腐蚀的金属，如锌、锡、铬、镍等。这些金属常因氧化而形成一层致密的氧化物薄膜，从而阻止水和空气等对钢铁的腐蚀。如图 5-7-2 所示为电镀后的汽车轮毂。

图 5-7-1　汽车的不锈钢装饰条

图 5-7-2　电镀后的汽车轮毂

（3）用化学方法使钢铁表面生成一层细密、稳定的氧化膜。如在机器零件等钢铁制件表面形成一层细密的黑色四氧化三铁薄膜。

知识总结

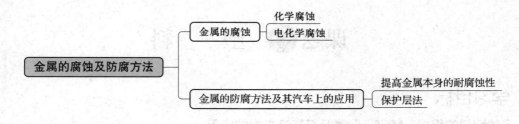

模块六
非金属材料

　　汽车制造中一直以金属材料为主，非金属材料的比例很小。随着非金属材料的迅猛发展和汽车轻量化的要求，越来越多的非金属材料在汽车上得到了应用，如常见的汽车灯罩、仪表板壳、转向盘、坐垫、风窗玻璃、轮胎、传动带、连接软管等都是由各种非金属材料制成的。非金属材料具有许多优良的物理、化学性能，可以满足某些特殊要求，而且原料来源丰富，加工简便，因此得到广泛使用。

　　非金属材料的种类很多，本模块主要介绍塑料、橡胶、黏合剂、石棉、纸张、玻璃等非金属材料的基本知识，以及它们在汽车上的应用，如图 6-0-1 所示。

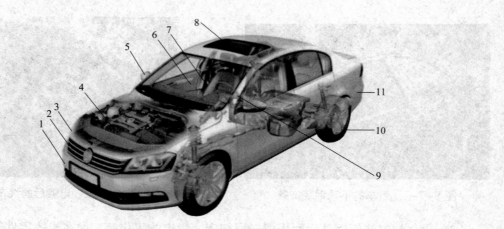

图 6-0-1　非金属材料在轿车上的应用

1—前保险杠　2—散热器格栅　3—车灯　4—发动机装饰罩　5—后视镜壳
6—内饰　7—座椅　8—天窗　9—转向盘　10—轮胎　11—后保险杠

课题一　塑　　料

🔧 学习目标

　　了解塑料的组成、特征、分类及其在汽车中的应用。

✕ 相关知识

塑料在汽车上的应用发展很快，从最初的内饰件发展到可代替金属制造各种配件。用塑料代替金属既可获得汽车轻量化的效果，还可改善汽车某些性能，如耐磨、防腐、减振、减少噪声等。因此，随着汽车工业的不断发展，塑料越来越受到人们的重视。

一、塑料的组成

塑料是以合成树脂为基体，并加入某些添加剂，在一定的温度和压力下，塑造成各种形状制品的高分子材料。

1. 合成树脂

合成树脂是从煤、石油和天然气中提炼的高分子化合物，在常温下呈固体或黏稠液体。合成树脂是塑料的主要成分，它的种类、性质及加入量的多少对塑料的性能起着很大的作用。因此，大部分的塑料是以所加树脂的名称来命名的。

合成树脂的种类很多，常用的有酚醛树脂、环氧树脂、聚酯树脂、硅树脂、聚乙烯树脂、氨基树脂、聚氯乙烯树脂、聚苯乙烯树脂等。

2. 添加剂

加入添加剂是为了改善塑料的性能，以扩大其使用范围，一般包括填料、增塑剂、稳定剂、固化剂、着色剂等。填料主要是起强化作用，同时也能改善或提高塑料的某些性能，如加入云母、石棉粉可以改善塑料的电绝缘性和耐热性，加入玻璃纤维可以提高塑料的机械强度，加入氧化硅可提高塑料的硬度和耐磨性等；增塑剂是用于提高塑料的可塑性与柔软性，一方面使塑料在成形时流动性大，另一方面可使制成制品柔韧性和弹性增加；稳定剂可以提高塑料在光和热作用下的稳定性，以延缓老化；固化剂可以促使塑料在加工过程中硬化；着色剂可以使塑料制品色彩美观，以适应不同的使用需要。

各类添加剂加入与否和加入量的多少，均视塑料制品的性能和用途而定。

二、塑料的分类和主要特性

1. 塑料的分类

塑料的种类很多，按其热性能不同，可分为热固性塑料和热塑性塑料两大类。

热固性塑料是指经一次固化后，不再受热软化，只能塑制一次的塑料。这类塑料耐热性能好，受压不易变形，但力学性能较差。常用的有酚醛塑料、环氧树脂、氨基塑料、有机硅塑料等。

热塑性塑料是指受热时软化，冷却后变硬，再加热又软化，冷却又变硬，可反复多次加热塑制的塑料。这类塑料加工成形方便、力学性能较好，但耐热性相对较差、容易变形。热塑性塑料数量很大，约占全部塑料的80%，常用的有聚乙烯、聚氯乙烯、聚四氟乙烯、聚丙烯、ABS塑料、聚甲醛、聚苯醚、聚酰胺、聚碳酸酯等。

2. 塑料的主要特性

（1）质量小

一般塑料的密度在 $0.83 \sim 2.2 \ \mathrm{g/cm^3}$，仅是钢铁的 $1/8 \sim 1/4$。泡沫塑料更轻，密度在 $0.02 \sim 0.2 \ \mathrm{g/cm^3}$。因此，用塑料制造汽车零部件，可大幅度减轻汽车的整车质量，降低汽车自重，减小油耗。

（2）化学稳定性好

一般的塑料对酸、碱、盐和有机溶剂都有良好的耐腐蚀性能。特别是聚四氟乙烯，除了能与熔融的碱金属作用外，其他化学药品难以腐蚀。因此，在腐蚀介质中工作的零件可采用塑料制作，或采用在其表面喷塑的方法提高耐腐蚀能力。

（3）比强度高

比强度是指物质单位质量的强度。尽管塑料的强度要比金属低些，但由于塑料密度小、质量小，因此，以等质量相比，其比强度高。如用碳素纤维强化的塑料，它的比强度要比钢材高2倍左右。

（4）良好的绝缘性能

塑料几乎都有良好的电绝缘性，汽车电器零件广泛采用塑料来作为绝缘体。

（5）优良的耐磨、减摩性

大多数塑料的摩擦系数较小，耐磨性好，能在半干摩擦甚至完全无润滑条件下良好的工作，可作为耐磨材料，制造齿轮、密封圈、轴承、衬套等。

（6）良好的吸振性和消声性

采用塑料轴承和塑料齿轮的机械，在高速运转时，可平稳、无声的转动，大大减少了噪声，降低了振动。

（7）易于加工成形

塑料通常一次注塑成形，可制造形状复杂的异形曲面，如汽车仪表板等，适合批量生产，加工成本低。

但塑料也有不少缺点，如与钢相比其力学性能较低；耐热性较差，一般只能在 $100\ ℃$ 以下长期工作；导热性差，其导热系数只有钢的 $1/600 \sim 1/200$；容易吸水，塑料吸水后，会引起使用性能恶化。此外，塑料还有易老化、易燃烧、温度变化时尺寸稳定性差等缺点。

三、塑料在汽车中的应用

由于塑料具有诸多金属和其他材料所不具备的优良性能，因此，在汽车上的应用很广。塑料汽车配件一般可分为三类，内饰件、外饰件和功能（结构）件。内、外饰件对塑料材料的性能要求不高，可用普通的塑料材料，而结构件对所用的塑料材料性能要求很高，常用优质工程塑料。许多汽车零部件，如蓄电池壳、后视镜壳、转向盘、仪表板、汽油泵壳、车门内饰等，如图 6-1-1 所示，都是由塑料制造的。

图 6-1-1　常见汽车塑料制品

a）转向盘　b）仪表板　c）汽车内饰　d）车灯　e）汽车前保险杠罩

常用塑料的主要特性及其在汽车上的应用见表 6-1-1。

表 6-1-1　常用塑料的主要特性及其在汽车上的应用

种类	化学名称	代号	主要特性	应用
热塑性塑料	丙烯腈-丁二烯-苯乙烯	ABS	综合力学性能优良，耐热性、耐腐蚀性、尺寸稳定性好，易于加工成形	车体件、前围板、格栅、车头灯框等
	聚酰胺	PA	韧性好，强度高，耐磨性、耐疲劳性、耐油性等综合性能好，但吸水性和收缩率大	车外装饰板、风扇叶片、里程表齿轮、衬套等
	聚甲醛	POM	综合力学性能优良，尺寸稳定性好，耐磨性、耐油性、耐老化性好，吸水性小	半轴齿轮和行星齿轮垫片、汽油泵壳、转向节衬套等
	聚乙烯	PE	强度较高，耐高温，耐磨性、耐腐蚀性和绝缘性好	车内装饰板、车窗框架、手柄、挡泥板等
	聚四氟乙烯	PTFE	化学稳定性优良，耐腐蚀性极高，摩擦系数小，耐高温性、耐寒性和绝缘性好	各种密封圈、垫片等
	聚苯醚	PPO	抗冲击性能优良，耐磨性、绝缘性、耐热性好，吸水率低，尺寸稳定性好，但耐老化性差	格栅、车头灯框、仪表板、装饰件、小齿轮、轴承、水泵零件等
	聚酰亚胺	PI	耐高温性好，强度高，综合性能优良，耐磨性和自润性好	正时齿轮、密封垫圈、泵盖等
	聚丙烯	PP	耐热性、耐腐蚀性较好，成形容易，但收缩率大，低温呈脆性，耐磨性不高	内饰镶条、车内装饰板、散热器固定架、前围板、保险杠等
	聚氯乙烯	PVC	强度较高，化学稳定性、绝缘性较好，耐油性、抗老化性也较好，但耐热性差、成形加工性能较差	车内装饰板、软垫板、电气绝缘体等
	聚碳酸酯	PC	力学性能优良，尺寸稳定性好，耐热性较好，但疲劳强度低、耐磨性不高	格栅、仪表板等

续表

种类	化学名称	代号	主要特性	应用
热固性塑料	酚醛塑料	PF	强度高，耐热性高，绝缘性、化学稳定性、尺寸稳定性等较好，但质地较脆，抗冲击性差	电气绝缘件、摩擦片等
	环氧树脂	EP	强度较高，韧性较好，收缩率低，绝缘性、化学稳定性、耐腐蚀性好	汽车涂料、胶黏剂、玻璃钢构件等
	聚氨酯泡沫	PU	力学性能优良，吸振缓冲性、绝热性好，加工简单，易于成形	软质用于坐椅坐垫、内饰材料等；半硬质用于转向盘、仪表板、保险杠等

知识总结

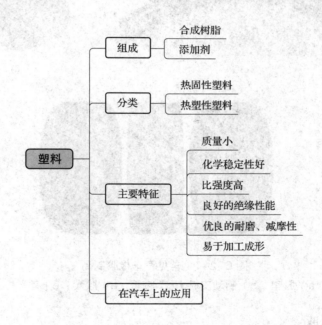

课题二 橡 胶

学习目标

了解橡胶的组成、性能及其在汽车上的应用。

相关知识

橡胶是一种有机高分子材料，汽车上有许多零件是由橡胶制造的，如风扇传动带、缓冲垫、油封、制动皮碗等。

常见汽车橡胶制品如图 6-2-1 所示。

图 6-2-1　常见汽车橡胶制品
a）胶垫　b）制动皮碗　c）胶管　d）胶套　e）轮胎

一、橡胶的组成

橡胶主要是以生胶为原料，加入适量的配合剂制成的。

1. 生胶

未经配合剂、未经硫化的橡胶称为生胶。生胶是橡胶工业的主要原料，主要有天然橡胶和合成橡胶两种。

（1）天然橡胶

天然橡胶是从热带橡胶树上采集的胶乳，经凝固、干燥、加压等工序后制成的一种高弹性材料。加工后的天然橡胶通常呈片状固体，其主要成分为异戊二烯。

（2）合成橡胶

合成橡胶主要是以煤、石油和天然气为原料用化学合成方法获得的。

2. 配合剂

配合剂是为了提高和改善橡胶制品性能而加入的物质，主要有硫化剂、硫化促进剂、补强剂、软化剂、防老化剂等。

硫化剂的作用与塑料中的固化剂类似，常用的有硫黄、氧化硫等；硫化促进剂起加速硫化过程、缩短硫化时间的作用，常用的有氧化锌、氧化铝、氧化镁以及醛胺类有机化合物等；补强剂用于提高橡胶的力学性能和耐磨、耐撕裂性能，常用的有炭黑、氧化硅、滑石粉等；软化剂能提高橡胶的柔软性和可塑性；防老化剂主要是防止橡胶老化。

二、橡胶的分类和主要特性

1. 橡胶的分类

橡胶的种类很多，按其原料来源不同，分为天然橡胶、合成橡胶和再生橡胶三大类；按其性能和用途不同，分为通用橡胶和特种橡胶两大类。

（1）天然橡胶

天然橡胶是一种综合性能优良的高弹性物质，大量用于制造各类轮胎以及各种胶带、胶管等橡胶制品。

（2）合成橡胶

按性质和用途不同，合成橡胶分为通用合成橡胶和特种合成橡胶两大类。通用合成橡胶的性能与天然橡胶相近，物理性能、力学性能和加工性能较好。特种合成橡胶具有某种特殊性能，如耐热、耐寒、耐油及耐化学腐蚀等。合成橡胶种类较多，汽车常用的有丁苯橡胶、丁基橡胶、氯丁橡胶和丁腈橡胶等。

（3）再生橡胶

再生橡胶是利用废旧橡胶制品经再加工而成的橡胶材料。再生橡胶强度较低，但有良好的耐老化性，且加工方便、价格低廉。汽车上常用再生橡胶制造橡胶地毡、各种封口胶条等。

（4）通用橡胶

通用橡胶是指产量大、应用广，在使用上没有特殊性能要求的橡胶，如天然橡胶、丁苯橡胶、顺丁橡胶等。汽车上使用的一般都是通用橡胶。

（5）特种橡胶

特种橡胶是指具有耐热、耐寒、耐油和耐化学腐蚀等特殊性能的橡胶，主要用于在特殊环境下工作的零件，如硅橡胶、氟橡胶、聚氨酯橡胶等。

2. 橡胶的主要特性

（1）极高的弹性

极高的弹性是橡胶的独特性能。橡胶的伸长率可达 100%～1 000%。橡胶受载荷作用变形量很大，但随外力的增加，橡胶又具有很强的抵抗变形的能力。因此，橡胶可作为减振材料，用于制造各种减轻冲击和吸收振动的零件。

（2）良好的热可塑性

橡胶在一定温度下失去弹性而具有可塑性，称为热可塑性。橡胶处于热可塑性状态时，容易加工成各种形状和尺寸的制品，且当加工外力去除后，仍能保持变形后的形状和尺寸。根据这一特征，可把橡胶加工成不同形状的制品。

（3）良好的黏着性

黏着性是指橡胶与其他材料黏结成整体而不分离的能力。橡胶有很强的吸附能力，能与其他材料黏结成整体，如汽车轮胎就是利用橡胶与棉、毛、尼龙等，牢固地黏结在一起而制成的。

（4）良好的绝缘性

橡胶大多数是绝缘体，是制造电线、电缆等导体的绝缘材料。

此外，橡胶还具有良好的耐寒、耐腐蚀和不渗漏水、气等性能。橡胶的缺点是导热性差，硬度和抗拉强度不高，且容易老化等。橡胶老化是指橡胶在储存和使用中，其弹性、硬度、抗溶胀性及绝缘性发生变化，出现变色、发黏、变脆及龟裂等现象。引起橡胶老化的主要原因是受空气中氧、臭氧的氧化，以及光照（特别是紫外线照射）、温度的作用和机械变形而产生的疲劳等。因此，为减缓橡胶制品老化，延长使用寿命，橡胶制品在使用和储存中应避免与酸、碱、油及有机溶剂接触，尽量减少受热和日晒、雨淋。

三、橡胶在汽车中的应用

橡胶在汽车上用量最大的制品是轮胎。此外，橡胶还广泛用于各种胶带、胶管、减振配件以及耐油配件等。

汽车常用橡胶的种类、特性及应用见表6-2-1。

表 6-2-1　汽车常用橡胶的种类、特性及应用

种类	代号	主要特性	应用
天然橡胶	NR	良好的耐磨性、抗撕裂性，加工性能好，但耐高温、耐油性较差，易老化	轮胎、胶带、胶管和通用橡胶制品等
丁苯橡胶	SBR	优良的耐磨性、耐老化性，力学性能与天然橡胶相近，但是加工性能，特别是黏着性比天然橡胶差	可替代天然橡胶，用于轮胎、胶带、胶管和通用橡胶制品等

续表

种类	代号	主要特性	应用
氯丁橡胶	CR	良好的物理、力学性能，耐腐蚀性、耐老化性、耐油性好，黏着性好，但耐寒性较差，密度较大，绝缘性能差	胶带、胶管、电线护套、垫圈、密封圈和汽车门窗嵌条等
丁基橡胶	IIR	良好的气密性，吸振能力强，化学稳定性好，耐酸碱性能良好，但耐油性和加工性能较差	轮胎内胎、胶管、电线护套和减振元件等
丁腈橡胶	NBR	优良的耐油性、耐老化性、耐磨性能，耐热性、气密性好，但耐寒性、绝缘性较差	油封、油管、皮碗和密封圈等耐油元件

知识总结

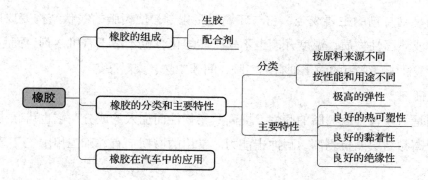

课题三 黏合剂

学习目标

了解环氧树脂黏合剂、酚醛树脂黏合剂、氧化铜黏合剂的组成、性能及其在汽车上的应用。

相关知识

黏合剂又称黏结剂，它是将两种材料黏结在一起，填补零件裂纹、孔洞等缺陷的材料。黏合剂具有较高的黏结强度和良好的耐水、耐油、耐腐蚀、电绝缘等性能，用它来修复零件具有工艺简单、连接可靠、成本低、不会使零件变形和组织发生变化等优点。因此，在汽车维修中得到广泛应用。

黏合剂的品种很多，在汽车零件修复中常用的黏合剂主要有环氧树脂黏合剂、酚醛树脂黏合剂和氧化铜黏合剂等。

一、环氧树脂黏合剂

环氧树脂黏合剂是一种有机黏合剂，它的用途很广，适合黏结各种金属材料和非金属材料。

1. 组成

环氧树脂黏合剂是以环氧树脂及固化剂为主，再加入增韧剂、填料、稀释剂和促进剂等配制而成。

（1）环氧树脂

环氧树脂是人工合成的高分子化合物，是相对分子质量为 300～700 的线性树脂，常温下呈黄色油状液体。环氧树脂的优点是黏结力强、固化收缩率小、耐腐蚀和绝缘性好、使用方便；缺点是脆性大、耐热性差。常用的牌号有 6101、637、618、634 等。

（2）固化剂

固化剂是黏合剂的主要成分，它与环氧树脂化合，使树脂的线状结构变成网状结构。固化后，形成热固性物质，温度升高也不软化和熔化，也不溶于有机溶剂，而且具有良好的耐油、耐酸性能。常用的固化剂有乙二胺、间苯二胺、聚酰胺等。

（3）增韧剂

增韧剂是为改善环氧树脂的脆性，提高其柔韧性而加入的成分，它也可减少固化时的收缩性，提高黏结层的抗剥离、耐冲击能力。常用的增韧剂有邻苯二甲酸二丁酯、磷酸二苯酯等。

（4）填料

加入填料能改善黏结接头的强度和表面硬度，提高耐热性、电绝缘性，节约树脂用量。常用的填料有铁粉、石英粉、石棉粉、玻璃丝等。

（5）稀释剂

稀释剂用来溶解树脂、降低黏合剂的黏度，同时它还可以控制固化过程的反应热，延长黏合剂的使用期，增加填料的填加量。常用的稀释剂有丙酮、甲苯、二甲苯等。

（6）促进剂

加入适量的促进剂，能使黏合剂加速固化并降低固化温度。常用的促进剂有四甲基二氨基甲烷、间苯二酚等。

2. 常用环氧树脂黏合剂配方

环氧树脂黏合剂种类很多，有些有成品，但更多的是由使用者根据实际需要，按一定的配方现配现用。在汽车维修中，环氧树脂黏合剂可用于黏补蓄电池壳、填补气缸体裂纹、修复孔或轴颈等。常用的环氧树脂黏合剂配方与用途见表 6-3-1。

表 6-3-1　常用的环氧树脂黏合剂配方与用途

配方	一号		二号		三号		四号		五号		六号	
成分	名称	质量份	名称	质量份	名称	质量份	名称	质量份	名称	质量份	名称	质量份
环氧树脂	6101	100	6101	100	637	100	6101	100	6101	100	618	100
固化剂	乙二胺	8	间苯二胺	15	顺丁烯二甲酸酐	40	聚酰胺	80	乙二胺	7	间苯二胺	15
增韧剂	邻苯二甲酸二丁酯	15	邻苯二甲酸二丁酯	15	邻苯二甲酸二丁酯	10	—	—	邻苯二甲酸二丁酯	10	邻苯二甲酸二丁酯	10
填料	石英粉	15	石英粉	15	石英粉	10	铁粉	20			二硫化钼	2
	石棉粉	4	石棉粉	10	石棉粉	12	玻璃丝	10			石墨粉	2
	炭黑	30	铁粉	20	铁粉	50					玻璃丝	按需
	电木粉	5										
稀释剂	丙酮、甲苯或二甲苯等，用量不限											
主要用途	黏补蓄电池壳		填补气缸体裂纹		填补气阀室附近裂纹		修复磨损的孔		镶套黏结		修复磨损的轴颈	

二、酚醛树脂黏合剂

酚醛树脂黏合剂也是一种有机黏合剂，它的基本成分为酚醛树脂。酚醛树脂黏合剂具有较高的黏结强度、耐热性好，可在 200 ℃以下长期工作，但其脆性大、不耐冲击。

酚醛树脂黏合剂可以单独使用，也可以与其他树脂或橡胶混合使用。它与环氧树脂混合使用时，其用量为环氧树脂的 30%～40%，且要加增韧剂和填料。为了加速固化，可加入 5%～6% 的乙二胺，这样既改善了耐热性，又提高了韧性。

KH-506 黏合剂是酚醛树脂与丁腈橡胶混合的黏合剂，它具有良好的韧性和耐热、耐水、耐油等特性，可用于汽车各种轴、轴承与泵壳类的修复，以及离合器摩擦片、制动蹄片的黏结等。

204 黏合剂是酚醛树脂与缩甲醛组成的黏合剂，它的特点是具有优良的耐热性，可在 200 ℃下长期工作，主要用于高温环境下工作的零部件的修复。

三、氧化铜黏合剂

氧化铜黏合剂是一种无机黏合剂，它具有良好的耐热性（在 600 ℃高温下不软化）、耐油、耐酸性，以及固化前溶于水而固化后不溶于水等特点，但其脆性大，不耐冲击，耐强碱能力差等。

氧化铜黏合剂由氧化铜粉、无水磷酸和氢氧化铝调和而成，其中氢氧化铝用于进行无水处理。氧化铜与磷酸反应生成的磷酸铜，吸水后会形成结晶水化物而固化，这一固化过程与硅酸盐水泥相类似，因此，它能像"水泥"一样进行黏补。磷酸铜在黏结时与钢铁件表面接触，铁元素与铜元素会发生置换反应，因而能提高其黏结强度。

氧化铜黏合剂在固化后，体积略有膨胀。因此，它特别适用于管件套接或槽接，也可用于填补裂缝、堵漏和黏合零件，如黏补发动机气缸上平面、气阀室附近处的裂纹以及镶螺塞、黏结硬质合金刀头等。

知识总结

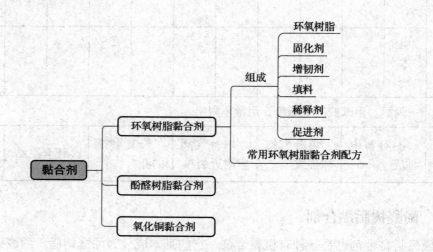

课题四 其他非金属材料

学习目标

了解纸板制品、石棉制品、玻璃制品、毛毡、陶瓷材料和复合材料的基本知识及其在汽车中的应用。

相关知识

汽车上广泛应用的非金属材料中，除了塑料、橡胶等高分子材料外，纸板制品、石棉制品、玻璃制品、毛毡、陶瓷材料和复合材料也已成为汽车制造工业中的重要材料。

一、纸板制品

纸板制品在汽车上主要用于制造各种衬垫，以及汽车零部件连接部位的密封零件。常用的纸板制品有软钢纸板、硬钢纸板、滤芯纸板、浸渍纸板、软木纸等。如图 6-4-1 所示为汽车上常见的纸板制品。

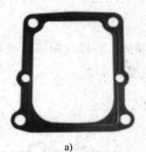
a)

b)

图 6-4-1 汽车纸板制品
a）变速器衬垫 b）空气滤清器滤芯

常用纸板制品的类别、性能及应用见表 6-4-1。

表 6-4-1 常用纸板制品的类别、性能及应用

类别	制作方法	性能	应用
软钢纸板	由纸类经甘油、氧化锌处理而成的软性纤维板	抗张力强度高，韧性好，且密封性、耐水性、耐油性和耐热性好	汽车发动机密封垫片
硬钢纸板	由纸类经氧化锌处理而成的硬性纤维板	抗张力强度较高，绝缘性能好	汽车上的发电机、起动机和调节器等的绝缘性衬垫

续表

类别	制作方法	性能	应用
滤芯纸板	纸浆经长纤维打浆，并加入三聚氰胺树脂，纸面用酚醛树脂和有机硅处理而成	有良好的透气性和滤清效果，有一定的耐水和防潮性能	薄滤芯纸板常用作滤清器的滤片；厚滤芯纸板常用作滤清器滤片的垫架
浸渍纸板	纸浆中加入胶料制成纸板后，再经甘油水溶液等浸渍而成	弹性好，耐水、耐油性好	汽车发动机、变速器衬垫等
软木纸	由颗粒状软木和骨胶等物质黏合后压制而成	质轻、柔软，有弹性和一定韧性	制作各种密封衬垫，如气阀室盖衬垫、水套孔盖板衬垫、水泵垫、机油盘衬垫等

二、石棉制品

石棉是具有细长而柔韧纤维的纤维状硅酸盐矿物的统称。

石棉具有良好的柔软性、绝燃性，还有较好的防腐蚀性和吸附能力，其绝热、绝缘性能良好。

石棉的应用很广泛，在汽车上主要用作密封、隔热、绝缘及摩擦材料等。汽车上常用的石棉制品如图 6-4-2 所示，其类别、性能及应用见表 6-4-2。

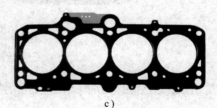

a)　　　　　　　　　b)　　　　　　　　　c)

图 6-4-2　汽车石棉制品
a）石棉盘根　b）石棉垫片　c）气缸垫

表 6-4-2　常用石棉制品的类别、性能及应用

类别	制作方法	性能	应用
石棉盘根	由石棉线用润滑油、石墨浸渍或橡胶粘接后，扭制或编织而成	耐热和耐腐蚀性能都很好	转轴、阀门杆的密封，发动机最后一道主轴承的密封等

类别	制作方法	性能	应用
石棉橡胶板	石棉、填料、橡胶等粘接而成	耐压性能和耐热性能好	常用作高温环境下工作的密封衬垫，如气缸垫、排气管接口衬垫等
石棉摩擦片	石棉、辅料和黏合剂混合加热压制而成	较高的机械强度和耐热性，有良好的摩擦性能	汽车离合器、制动器摩擦片

三、玻璃制品

玻璃是构成汽车外形的重要材料之一，它具有透明、隔声和保温的特点。玻璃在汽车上的应用如图 6-4-3 所示。

图 6-4-3　玻璃在汽车上的应用

汽车上常用的玻璃有以下几种：

1. 普通平板玻璃

普通平板玻璃有普通玻璃和磨光玻璃两种。普通玻璃即一般玻璃。磨光玻璃是在普通玻璃基础上进行了磨光处理。普通平板玻璃强度不高，破碎后又极易伤人，不安全。因此，主要用于加工钢化玻璃和夹层玻璃。

2. 钢化玻璃

钢化玻璃是由普通玻璃经一定的热处理后制作而成。钢化玻璃的抗弯强度要比普通玻璃大 5 ~ 6 倍，热稳定性好，冲击强度较高，且钢化玻璃发生破碎时，会形成无锋锐的颗粒状碎片，对人体伤害小，主要用于制作汽车的风窗玻璃等。但钢化玻璃制作时内应力大，容易产生"自爆"，整块钢化玻璃成稠密网状全面破碎，在行驶时会严重影响视线，引起事故。

3. 区域钢化玻璃

为了弥补上述钢化玻璃的缺点，采用特殊的热处理方法，控制玻璃碎片的大小和形状，制成区域钢化玻璃，以保证玻璃破碎后不影响视野，避免二次事故发生。区域钢化玻璃在国外的汽车上应用很广。

4. 夹层玻璃

夹层玻璃是由两张或两张以上的玻璃中间夹上一层有弹性的透明安全膜，经热压而制成的。

夹层玻璃具有较高的柔韧性、抗穿透能力，而且由于有夹层安全膜，玻璃受冲撞时呈辐射状碎裂，但仍粘连在安全膜上。这样既避免了玻璃碎片脱落伤人，又保证有一定的视野，还能抑制对驾驶人员头部的冲撞，具有很高的安全性。夹层玻璃属于高级安全玻璃，目前大多用作高级轿车的前风窗玻璃。

此外，现代汽车用玻璃正向轻量化、绝热、安全和多功能的方向发展，如后风窗玻璃采用的电热除霜玻璃，还有新型的天线夹层玻璃、调光夹层玻璃和热反射玻璃等。

四、毛毡

毛毡是由羊毛或合成纤维加入黏合剂而制成的材料，包括细毛毡、半粗毛毡和粗毛毡等。毛毡能储存润滑油，具有防水、防尘、缓冲和防止金属表面擦伤的作用，在汽车上可用作油封、滤芯和衬垫材料，如图 6-4-4 所示。

图 6-4-4　汽车毛毡制品

五、陶瓷材料

陶瓷材料在工业中应用广泛。汽车采用陶瓷产品，可以有效地降低汽车的质量，提高发动机的热效率，降低油耗，减少排气污染，提高机件使用寿命，以及实现汽车智能化等。在汽车上应用的陶瓷材料主要有普通陶瓷和特种陶瓷两大类。

1. 普通陶瓷

普通陶瓷是用黏土、石英或长石等天然硅酸盐材料（含 SiO_2 的化合物）为原料，经过配制、烧结而制成的。这类陶瓷质地坚硬，耐腐蚀性好，不导电，易于加工成形，是应用广泛的传统材料。日用陶瓷、建筑陶瓷和化工陶瓷等一般都属于普通陶瓷。普通陶瓷在汽车上常用于制造发动机火花塞等。

2. 特种陶瓷

特种陶瓷是以氧化物、氮化物、碳化物和硼化物等化合物为原料经过配制、烧结而制成的新型材料，具有优良的物理性能、化学性能和力学性能。按使用性能分类，特种陶瓷分为工程陶瓷和功能陶瓷两类。

陶瓷材料的类别、特性及应用见表6-4-3。

表 6-4-3 陶瓷材料的类别、特性及应用

类别	原料	特性	应用
普通陶瓷	黏土、石英或长石等天然硅酸盐材料	这类陶瓷是应用广泛的传统材料，它质地坚硬，耐腐蚀性好，不导电，易于加工成形	发动机火花塞等
特种陶瓷 — 工程陶瓷	氧化物、氮化物、碳化物和硼化物等化合物粉末	具有高的强度、硬度、耐热性、耐磨性和耐腐蚀性，热膨胀系数小，但脆性大	发动机活塞、气缸套、凸轮轴、柴油机喷嘴、涡轮增压叶片等
特种陶瓷 — 功能陶瓷		具有特殊的介电性、压电性、导电性、透气性和磁性等	汽车电子设备的传感器、导电元件和显示元件等

六、复合材料

复合材料是由两种或两种以上性质不同的材料通过人工组合而成的固体材料。

复合材料是一种新兴的工程材料，它兼有各种组成材料的性能，同时又具有新的特性。复合材料具有比强度高，良好的抗疲劳性能，过载安全性、减摩减振性能、耐热性能好，成形工艺简单等特性。

复合材料由基体材料和增强材料两部分组成。基体材料主要有合成树脂、橡胶、陶瓷、石墨和有色金属等。增强材料主要有玻璃纤维、碳纤维等。

应用较广的复合材料是纤维增强塑料，它包括玻璃纤维增强塑料和碳纤维增强塑料。纤维增强塑料的种类、原料、特性及其在汽车上的应用见表6-4-4。

表6-4-4　纤维增强塑料的种类、原料、特性及其在汽车上的应用

种类	原料	特性	应用
玻璃纤维增强塑料	以玻璃纤维为增强材料，以工程塑料为基体材料	强度、抗疲劳性、韧性都比塑料大大提高，比强度高于铝合金，耐腐蚀性、隔热性好，且成形工艺简单、成本低	制造汽车通风和空调系统元件、空气滤清器壳、仪表板、发动机罩、行李舱盖和座椅架等
碳纤维增强塑料	以碳纤维为增强材料，以工程塑料为基体材料	碳纤维比玻璃纤维具有更高的强度和刚度，且具有良好的耐疲劳性能，化学稳定性好，摩擦系数小，自润性、耐热性好	可用于制造传动轴、钢板弹簧、保险杠等

知识总结

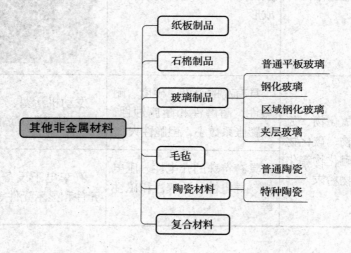

模块七
汽车运行材料

汽车运行材料是指在车辆运行过程中所消耗的各种材料，按其在汽车运行中的作用和消耗方式不同可分为四大类，即汽车燃料、汽车润滑材料、汽车工作液、汽车轮胎。

课题 一 汽 车 燃 料

⚙ 学习目标

1. 掌握车用汽油的使用性能、牌号及选用与使用注意事项。
2. 掌握车用柴油的使用性能、牌号及选用与使用注意事项。
3. 了解汽车代用燃料及燃料使用安全知识。

🔧 相关知识

燃料通常是指某些经过化学反应或物理变化后能将自身储存的化学能转变为热能的物质。燃料的种类繁多，如常见的木炭、木柴、煤炭、天然气、酒精、汽油、柴油等物质。汽车发动机所用的燃料主要是车用汽油和车用柴油。此外，还有一些代用燃料。

一、车用汽油

汽油是从石油中裂化而得到的一种液体燃料，其密度小且易于蒸发，主要由碳、氢两种元素组成。汽油分为航空汽油、工业汽油和车用汽油三种，汽车所使用的为车用汽油。

汽油作为点燃式发动机燃料，其使用性能的好坏对发动机工作的可靠性、经济性以及使用寿命有着很大的影响。

1. 汽油发动机对汽油的要求

（1）有较好的蒸发性、抗爆性。

（2）不含机械杂质和水。

（3）燃烧时形成的积炭和胶结要少。

（4）对发动机零件无腐蚀作用。

（5）有良好的物理和化学稳定性。

2. 车用汽油的使用性能

为保证汽油能在汽车发动机燃烧室中燃烧得平稳、可靠，对汽油的蒸发性、抗爆性、氧化稳定性、腐蚀性等均有严格的规定。

（1）蒸发性

蒸发性是指汽油由液态转变为气态的性能。在汽油发动机中，燃料先要经过汽化，并与空气以一定的比例混合成为可燃混合气后，才能在燃烧室中顺利燃烧，而现代发动机的转速很高，通常可燃混合气的形成是在百分之几秒甚至千分之几秒内完成的。因此，汽油蒸发性的好坏直接决定了汽车发动机工作的稳定性。

1）汽油蒸发性对发动机工作的影响。汽油蒸发性越好，就越容易汽化，越易迅速同空气形成均匀的可燃混合气，燃烧速度越快，并且彻底，保证发动机在各种条件下易启动、加速和正常运转。如果蒸发性差，汽化不完全，难以形成足够浓度的混合气，不仅会引起发动机启动困难，且混合气中未蒸发的悬浮油滴进入燃烧室，导致燃烧不完全，排气冒黑烟，发动机工作不稳定。此外，这些油滴还会附着在气缸壁上，破坏润滑油膜，甚至窜入曲轴箱稀释润滑油，加剧零件的磨损。

但是，汽油的蒸发性也不宜太好，否则一方面会使汽油在储存、运输、加注等过程中蒸发耗损增大，另外在高温的夏季或高原地区，汽油在油路中就蒸发为气体，使汽油泵、油管等部位形成气泡，即"气阻"现象。这些气泡使汽油的输送时断时续，从而引起发动机工作不稳定甚至出现熄火现象。因此，汽油的蒸发性要适宜。

2）汽油蒸发性的评定指标。在汽油牌号规格中，评定蒸发性的指标有馏程和蒸气压。

①馏程。馏程是汽油重要的质量指标。当对 100 mL 汽油在规定条件下加热蒸馏，汽油从冷凝器的末端馏出第一滴油时的温度称为初馏点，蒸馏完毕时的温度称为终馏点，从初馏点到终馏点这一温度范围称为馏程，并把馏出 10 mL、50 mL、90 mL 时的温度分别称为 10% 馏出温度、50% 馏出温度、90% 馏出温度。馏出温度的高低对发动机的性能影响很大（表 7-1-1）。

表 7-1-1　汽油馏出温度对发动机性能的影响

馏出温度	对发动机性能的影响
10% 馏出温度	代表了汽油中轻质馏分的含量。它是发动机冬季冷启动和夏季是否发生"气阻"的直接决定因素。10% 馏出温度低，表示汽油中含轻质馏分多，蒸发性好，能迅速形成可燃混合气，发动机的低温启动性好，启动时间短

续表

馏出温度	对发动机性能的影响
50% 馏出温度	代表了汽油的平均蒸发性。它对发动机预热升温时间的长短、加速性及工作稳定性有一定的影响。50% 馏出温度低，启动时发动机加热到正常温度需要的时间就短
90% 馏出温度	代表了汽油中重质馏分的含量。它对汽油是否完全燃烧和发动机的磨损程度有一定的影响。90% 馏出温度高，汽油中含重质馏分多，蒸发性差，燃烧不完全，排气冒黑烟，耗油量增大

②蒸气压。蒸气压是指在一定试验条件下，汽油在规定的密封容器中蒸发时，所产生的最大蒸气压力，单位是 kPa，它是控制汽油不发生"气阻"现象的指标。蒸气压越高，汽油蒸发性越好，发动机启动容易，但蒸发损失越大，越容易产生"气阻"现象。

（2）抗爆性

汽油与空气形成可燃混合气后进入气缸，经活塞压缩，在压缩行程终了时，由电火花点燃进行燃烧。燃烧时会出现两种燃烧方式，一种是正常燃烧，另一种是爆震燃烧。抗爆性就是指汽油在气缸内燃烧时，抵抗爆震燃烧的能力。抗爆性好的汽油，不易产生爆震燃烧，从而可采用压缩比高的发动机，以提高发动机的热效率。评定汽油抗爆性能的指标是辛烷值。车用汽油的牌号也是根据辛烷值来确定的。

1）汽油辛烷值。辛烷值是指在规定的对比测试条件下，采用和被测汽油具有相同抗爆性能的异辛烷与正庚烷组成的标准燃料中，异辛烷所占的体积百分数。

2）提高汽油抗爆性的方法。影响发动机燃烧的主要因素是发动机的压缩比（压缩比即发动机气缸的总容积与燃烧室容积之比）以及燃油的抗爆性，但压缩比的提高易引起发动机的爆震燃烧。为此，需要提高汽油的抗爆性，即提高汽油的辛烷值，具体方法见表 7-1-2。

表 7-1-2　提高汽油辛烷值的主要方法

提高汽油辛烷值的方法	效　　果
采用先进的汽油炼制工艺，如催化裂化、加氢裂化和催化重整等工艺	辛烷值可以达到 70～85
在汽油中加入抗爆添加剂，如四乙基铅	加入约 0.13% 的四乙基铅可提高 20～30 单位辛烷值，但它对人体有毒，且含铅汽油的燃烧废气对大气污染严重，已禁止使用，并由无铅汽油所取代

续表

提高汽油辛烷值的方法	效　果
在汽油中加入辛烷值改善组分，常用甲基叔丁基醚	在汽油中加入甲基叔丁基醚，具有提高辛烷值、降低油耗、改善发动机的低温启动性和加速性能、降低有害物排放等优点，且生产成本不高，是提高汽油辛烷值的主要手段

（3）氧化稳定性

汽油的氧化稳定性是指汽油在储存、使用过程中氧化生成胶状物的倾向。氧化稳定性差的汽油易在一定的光线及温度的影响下同空气中的氧气发生氧化反应，生成酸性和胶状物质，使汽油变色、酸性增加、黏稠度增大、辛烷值降低。使用氧化稳定性差的汽油，易造成油路堵塞，供油中断；黏滞气门，关闭不严；发动机功率下降；生成积炭，引起燃烧不良，磨损加剧等。因此，汽油必须具有良好的氧化稳定性。

（4）腐蚀性

汽油在储存及使用过程中对金属不应有腐蚀性。汽油中的各种烃类物质本身并不腐蚀金属，引起金属腐蚀的物质主要是硫及硫化物、有机酸和水溶性酸或碱等物质。此外，汽油中还不允许有机械杂质和水分存在，因为机械杂质会堵塞油路，加剧磨损，使积炭增多；水分易结冰，且使汽油的辛烷值下降，氧化稳定性变坏。

3．车用汽油的规格、牌号及选用与使用注意事项

（1）车用汽油的规格、牌号

我国目前所使用的车用汽油均为无铅汽油，且按研究法辛烷值划分牌号。根据国家标准《车用汽油》（GB 17930—2016）规定，车用汽油（Ⅳ）按研究法辛烷值分为90号、93号和97号三个牌号，车用汽油（Ⅴ）、车用汽油（ⅥA）和车用汽油（ⅥB）按研究法辛烷值分为89号、92号、95号和98号四个牌号。

（2）车用汽油的选用

不同型号的汽车发动机的压缩比不同，所选用汽油的牌号也不同。若汽油的辛烷值无法满足发动机压缩比的要求，发动机就会产生爆震燃烧，影响汽车的正常使用。因此，正确选用汽油牌号不仅可延长发动机的使用寿命，而且还可达到节油的目的。

车用汽油的主要选用依据是发动机的压缩比，发动机的压缩比越高，所需使用的汽油牌号就越高。一般可在汽车的使用说明书中查到发动机的压缩比和汽车生产厂家推荐的汽油牌号。车用汽油的基本选用原则见表7-1-3。

（3）车用汽油的使用注意事项

1）按车辆使用说明书规定加注相应牌号的汽油。

2）汽油具有一定毒性，不能用嘴吸汽油，也尽可能少吸、少闻油蒸气。

表 7-1-3　车用汽油的基本选用原则

发动机压缩比	8.0 以下	8.0～8.5	8.5～9.5	9.5～10.5
可选用汽油牌号	89 号、92 号	92 号	95 号	95 号、98 号

3）不要使用长期储存变质的汽油，因其胶结严重，会影响发动机正常工作。

4）汽车在夏季高温地区行驶中可能发生"气阻"，要加强发动机的冷却、通风，必要时对汽油泵、进油管采用隔热、滴水等降温措施。

5）油箱要经常装满汽油，以减少油箱中的空气量，防止汽油氧化变质。

二、车用柴油

车用柴油同汽油一样也是石油裂化的一种烃类液体燃料。柴油的特点是馏分重、自燃点低、黏度大、相对密度大、挥发性差、储存和运输过程损耗小、使用安全。

1. 柴油发动机对柴油的要求

（1）具有良好的燃烧性。

（2）具有良好的低温流动性。

（3）具有适宜的蒸发性。

（4）具有适宜的黏度。

（5）对机件无腐蚀，不含机械杂质和水分。

2. 柴油的使用性能

（1）燃烧性

1）柴油的燃烧过程。柴油发动机工作时，柴油从喷油器以一定的压力喷入燃烧室，经过短暂的燃烧前准备，即进行雾化、蒸发、扩散与空气混合等，这段时间称为着火延迟期。若柴油的着火延迟期短，前期喷入气缸的柴油能迅速完成燃烧前准备，着火燃烧，并逐步引燃后期进入气缸的燃料，气缸压力平稳上升，柴油机工作柔和，为正常燃烧；若柴油着火延迟期长，则在此期间内喷入气缸的柴油积存量多，燃烧开始后有过量的柴油一起参加燃烧，使气缸压力升高过快，造成柴油机运转不平稳，并产生强烈振动和噪声，即为不正常燃烧。柴油机不正常燃烧与汽油机爆震燃烧后果一样，会使发动机功率下降，油耗增大，严重时损坏机件。

2）燃烧性指标。柴油的燃烧性是指柴油喷入气缸后立即自行着火燃烧的能力。评定柴油燃烧性能好坏的指标是"十六烷值"。柴油十六烷值是指在规定的对比测试条件下，和被测柴油具有相同着火延迟期的标准燃料中正十六烷所占的体积百分数。

柴油十六烷值高，发动机容易启动，燃烧均匀，输出功率大；柴油十六烷值低，着火慢，工作不稳定，容易发生爆震。用于高速柴油机的柴油，其十六烷值以 40～55 为宜。当十六烷值高于 65 时，会由于滞燃期太短，燃料未与空气均匀混合即着火自燃，以致燃烧不完全，部分烃类热分解而产生游离的炭粒，随废气排出，造成发动机冒黑烟及油耗增大，功率下降。

（2）低温流动性

柴油的低温流动性即为柴油在低温下不发生凝固而失去流动性的能力。评定低温流动性的主要指标有凝点和冷滤点。

1）凝点。柴油的凝点是指油品在规定条件下冷却至丧失流动性时的最高温度，它表示燃料不经加热而能输送的最低温度。

2）冷滤点。柴油的冷滤点是指在规定条件下，当柴油通过过滤器每分钟不足 20 mL 时的最高温度，通常比凝点高 1~3 ℃。冷滤点更能反映柴油的低温实际使用性能，最接近柴油的实际最低使用温度，因此常作为选用柴油牌号的依据。

为了改善柴油的低温流动性，扩大柴油的使用范围，除在炼制时采用脱蜡的方法外，一般常采用掺入裂化煤油和添加低温流动性能改进剂等方法来降低其凝点。

（3）蒸发性

柴油的蒸发性是指柴油蒸发汽化的能力。评定柴油蒸发性能的指标是馏程和闪点。同汽油的蒸发性一样，柴油机对柴油的蒸发性能也有严格的要求。

1）馏程。柴油馏程的测定方法与汽油馏程的测定方法基本相同，但其馏出温度分别是50%、90%、95% 馏出温度。各馏出温度对柴油发动机性能的影响见表 7-1-4。

表 7-1-4　柴油的馏出温度对柴油发动机性能的影响

馏出温度	对柴油发动机性能的影响
50% 馏出温度	表示柴油中轻质馏分的含量。50% 馏出温度低，则馏分轻，蒸发和燃烧速度快，发动机易启动。但柴油馏分过轻对燃烧也是不利的，因为馏分过轻的柴油十六烷值低，滞燃期长，易于蒸发，在点火时易产生不正常燃烧现象
90%、95% 馏出温度	表示柴油中重质馏分的含量。90%、95% 馏出温度高，重馏分多，喷射雾化不良，蒸发慢，燃烧不完全，高温下发生热分解而生成积炭，使排气冒黑烟，增加耗油量，同时使机械磨损增加

2）闪点。闪点是指石油产品在规定条件下，加热到其蒸气与火焰接触发生瞬间闪火时的最低温度。闪点根据测定方法不同，分为开口闪点和闭口闪点。一般轻质油（主要指燃料油）多用闭口闪点，而重质油（主要指润滑油）多用开口闪点。

柴油的闪点既是控制柴油蒸发性的指标，也是保证柴油安全性的指标。柴油闪点低，蒸发性好；但闪点过低时，会因蒸发太快，致使不正常燃烧。闪点还对柴油的储存和使用安全有影响，闪点低的柴油不仅会使蒸发损失加大，而且其产生的大量柴油蒸气也会造成失火隐患。

（4）黏度

黏度是评定柴油稀稠度的一项指标。柴油的黏度与柴油的雾化性能、燃烧性能和润滑性能有密切关系。柴油黏度小，在供油系统中运行时，因泄漏量较多，使有效供油量减少，在燃烧时造成空气利用系数降低；除此之外，还会降低对燃料系统中精密偶件的润滑，使磨损加剧。柴油黏度大，雾化质量变差，燃烧不完全，油耗增大，排气冒黑烟。因此，为保证柴油机正常工作，柴油的黏度应当适宜，一般在 20 ℃时以 5×10^{-6} m/s 左右为宜。

（5）氧化稳定性

柴油的氧化稳定性是指柴油在储存和使用过程中抵抗氧化的能力。氧化稳定性好的柴油在储存过程中外观颜色和实际胶质变化不大，基本上不生成不可溶的胶质和沉淀；氧化稳定性差的柴油储存后颜色明显变深，实际胶质增加，使用中容易导致滤清器堵塞，喷油器喷油孔被黏结或堵死，影响正常供油，燃烧时易产生积炭，增大磨损。评定柴油氧化稳定性的指标是实际胶质和 10% 蒸余物残碳。

（6）腐蚀性

柴油的腐蚀性是指柴油对金属材料的腐蚀作用，柴油不应有腐蚀性。柴油的腐蚀性和汽油一样，用含硫量、酸度、腐蚀试验以及水溶性酸或碱四个指标来评定。柴油的含硫量对使用的影响很大。硫燃烧后不仅排放污染严重，而且生成的氧化物对机件有很强的腐蚀作用，并使积炭变得坚硬，易擦伤气缸壁，加剧机件磨损，流入曲轴箱还会使润滑油变质。因此，国家标准中规定柴油的含硫量不得大于 0.05%。

此外，柴油中的灰分、水分和机械杂质等对柴油机的工作危害也很大。灰分虽不能燃烧，但它是造成气缸和活塞环磨损的重要原因之一；机械杂质会造成供油精密偶件的堵塞、卡死等故障；水分会降低柴油发热量，在冬季容易结冰堵塞油路，并增加硫化物对机件的腐蚀作用。因此，国家标准对这些指标有严格的规定。

3．车用柴油的规格、牌号及选用与使用注意事项

（1）车用柴油的规格、牌号

根据国家标准《车用柴油》（GB 19147—2016）规定，车用柴油的规格按凝点分为 5 号、0 号、–10 号、–20 号、–35 号和 –50 号六个牌号。

（2）柴油的选用

柴油的选用主要依据汽车使用地区和季节的气温。气温低的地区和季节，应选用凝点

较低的柴油；反之，则应选用凝点较高的柴油。且在选用时，一般要求柴油的凝点比其使用环境的最低温度低 4～6 ℃。柴油六种牌号的适用范围见表 7-1-5。

表 7-1-5　柴油的适用范围

柴油牌号	使用最低气温 /℃	适用地区和季节
5 号	8	全国各地 6—8 月，长江以南地区 4—9 月
0 号	4	全国各地 4—9 月，长江以南地区冬季
−10 号	−5	长城以南地区冬季，长江以南地区严冬
−20 号	−14	长城以北地区冬季，长城以南、黄河以北地区严冬
−35 号	−29	东北和西北地区严冬
−50 号	−44	黑龙江北部和新疆北部地区严冬

4. 柴油的使用注意事项

（1）柴油在使用前要充分沉淀（不少于 48 h），并经滤网过滤，以防机械杂质混入，引起供油系统磨损和出现故障。

（2）不同牌号的柴油可以混合使用，并可根据气温的高低酌情调配。配合后的柴油凝点不是按比例计算的。例如，凝点为 −10 ℃ 的柴油与凝点为 −20 ℃ 的柴油各 50% 混合，混合后其凝点不是 −15 ℃，而要比 −15 ℃ 略高，约为 −13 ℃、−14 ℃。

（3）在低温下缺乏低凝点柴油时，可采用适当的预热措施，或向柴油中掺入 10%～40% 的裂化煤油以降低凝点，也可使用柴油机低温启动液启动。

（4）严禁向柴油中掺入汽油，因为汽油的自燃点高，会使柴油机启动困难，甚至无法启动。

三、汽车代用燃料

石油燃料是汽车的传统能源，但石油燃料所产生的废气对环境的污染严重，因此环保、节能的汽车代用燃料的研究和开发尤显迫切、重要。

1. 汽车代用燃料的选择标准

为了保证汽车的正常运转，能够代替汽车传统能源的代用燃料必须符合以下要求：

（1）热值高、能量密度大。携带少量燃料就能持续行驶足够的里程。

（2）价格便宜，资源丰富，易获取且能长期供应。

（3）使用安全，无毒或低毒，环保。

（4）储存、输送和使用方便。

2. 汽车主要代用燃料

正在使用和开发的汽车代用燃料种类很多，有电能、氢燃料、醇类燃料、天然气、液化石油气等。各类代用燃料的特点见表7-1-6。

表7-1-6 各类代用燃料的特点

代用燃料	优点	缺点
电能	（1）来源方式多 （2）直接污染及噪声小 （3）结构简单，维修方便	（1）蓄电池能量密度小，汽车的续行里程短，动力性较差 （2）蓄电池质量大，使用寿命短，价格高 （3）蓄电池充电时间长 （4）蓄电池制造和处理存在污染
氢燃料	（1）不产生有害气体 （2）氢的热值高 （3）氢的辛烷值高	（1）氢气生产成本高 （2）气态氢能量密度小且储运不便，液态氢技术难度大，成本高 （3）需要开发专用发动机
醇类燃料（甲醇、乙醇）	（1）可利用植物、天然气、煤制取，来源有长期保障 （2）储存、运输方便 （3）辛烷值较高 （4）可单独使用，也可与汽油混合使用	（1）甲醇毒性大 （2）对金属和橡胶件有腐蚀 （3）热值低 （4）污染较大，与汽油相当 （5）单独使用时，需要对发动机做一定改进
天然气	（1）资源丰富 （2）污染很小 （3）辛烷值高 （4）价格低 （5）技术成熟	（1）天然气储存和运输不方便 （2）天然气是非再生能源 （3）热值低 （4）动力性差 （5）单独使用天然气时，须设计专门的发动机或对汽油发动机进行改装
液化石油气	（1）污染小 （2）储运方便 （3）技术成熟 （4）辛烷值较高	（1）液化石油气是非再生能源 （2）动力性差 （3）单独使用液化石油气时最好设计专门的发动机

我国大力推广的代用燃料主要有乙醇汽油、天然气、液化石油气、氢气和电能。

（1）乙醇汽油

车用乙醇汽油是将变性燃料乙醇和汽油以一定的比例混合而形成的一种新型清洁车用

燃料。使用乙醇汽油不但可以节省石油资源和有效减少汽车尾气的污染，还可以促进农业生产。

1）乙醇汽油的特性

①增氧性强，助燃效果好。乙醇按 10% 的比例混配入汽油中，可使氧含量达到 3.5%，助燃效果好，汽油燃烧充分；还可使汽车的有害尾气排放总量降低 33% 以上；辛烷值提高 2~3 个单位，提高了油品的抗爆性。

②溶解性好，可清洁油路。车用乙醇汽油中的燃料乙醇是一种性能优良的有机溶剂，能有效地消除汽车油箱及燃油供给系统中沉淀和凝结的杂质，具有疏通油路的作用。

③燃烧充分，减少积炭。车用乙醇汽油燃烧充分，可有效地预防和消除火花塞、气门、活塞顶部及排气管、消声器等部位积炭的形成，延长发动机和主要部件的使用寿命。

④亲水性强。乙醇是亲水性液体，易与水互溶，如果油箱中沉积有水分或在车用乙醇汽油中混入水分，使油品水分超标，可能会出现分油分层现象，影响发动机正常工作。

2）乙醇汽油的牌号及选用。车用乙醇汽油（E10）按研究法辛烷值分为 89 号、92 号、95 号、98 号四个牌号。

车用乙醇汽油的选用与普通汽油的选用基本相同，也应按照发动机的压缩比进行合理选择，其具体选用原则见表 7-1-7。

表 7-1-7　车用乙醇汽油的选用原则

发动机压缩比	选用牌号
7.5~8.0	选用 90 号、93 号车用乙醇汽油
8.0~8.5	选用 93 号车用乙醇汽油
8.5~9.0	选用 95 号车用乙醇汽油
9.0~9.5	选用 95 号、97 号车用乙醇汽油

（2）燃气

燃气主要包括天然气、石油气、沼气、氢气等，作为汽车代用燃料使用的主要有天然气和石油气。

1）天然气。天然气是蕴藏在地底层内的碳氢化合物，其主要成分为甲烷。天然气作为汽车代用燃料具有辛烷值高、与空气混合均匀、气缸积炭少、排放污染小、不稀释润滑油等优点，且供气简单，发动机无需做较大的改进，因此是较为理想的汽车燃料。但天然气不易液化，通常是经压缩后使用，携带量少，行驶里程短，需要建立许多充气站，比较适合短途运输。

2）石油气。石油气是从石油的开采和加工过程中得到的可燃气体，主要由丙烷、丁烷以及其他气体混合而成。石油气通常经加压使其液化后储存在高压容器中使用，因此称为液化石油气。

液化石油气作为汽车代用燃料，其热值和辛烷值均高于汽油，有较好的抗爆性，使用液化石油气的发动机，可采用较大的压缩比来提高其热效率。液化石油气混合均匀，燃烧性能好，不会稀释润滑油，且废气排放污染小，因此被推广使用。

3）氢气

氢气主要是从水中通过电解制取的，或者来源于各种工业副产品。用氢气作为燃料的汽车称为氢气汽车，其特点是热值高、热效率高、辛烷值高、燃烧后不产生有害气体，但氢气生产成本高。

氢气作为汽车燃料最大的问题是制取与携带，氢气制取的方式很多，但成本都非常高。

（3）电能

电能是二次能源，它可以来源于水力发电、火力发电、核能发电以及风能、太阳能等多种方式。以电能为动力的汽车称为电动汽车，包括纯电动汽车与混合动力汽车。电动汽车常用的动力电池主要有铅酸电池、锂电池及燃料电池等。

四、燃料使用安全知识

1. 防火防爆

汽油和柴油均为易燃、易爆物品，这些物品在运输、存储、使用过程中如有不慎就会造成严重事故，因此，使用燃料时必须严格遵守以下要求：

（1）储存燃料的油罐、油桶及油库附近要严禁烟火。油库、车库内严禁带入一切火种。要用防爆灯具，绝不可用明火、油灯照明。不可将燃料与雷管、炸药、棉花、乙炔、氧气等存放在一起。

（2）不得用铁器敲打油桶，特别是装过汽油的空桶更为危险，一旦遇到火星就会爆炸。油库内不准使用铁器工具，油桶相互间不要靠得太近，不准穿带铁钉的鞋进入油库，以免铁质碰擦时发出火花而引起火灾。

（3）灌装汽油时，附近的汽车、拖拉机的排气管应加装防火装置才可启动，严禁在油库附近检修车辆。

（4）汽车进入加油站加油时，必须将发动机熄火。

（5）擦过油迹的抹布、棉纱、手套等物品不要放在油库、车库内，应集中放在有盖的铁箱中，及时处理或清洗，以防自燃。

（6）焊补油桶、油罐时，要先将它们洗刷、晾干至没有油味，打开桶盖或罐口，最好加满水进行。

（7）油库及用油区要配备消防设备，并定期检查。油料着火不能用水扑救，只能用专用消防器具或用沙土掩盖。

（8）汽油罐和储存汽油区的上空，不应有电线通过。油库与电线的距离要在电杆长度的 1.5 倍以上。

（9）在油库附近严禁使用手机，或操作一些强辐射的设备。

（10）注意油库及操作场所的通风。

2. 防止静电

燃料在灌装、运输过程中，燃料分子间和燃料与其他物质之间的摩擦产生静电，其电压随摩擦的加剧而增加，当升高到一定程度时，就会发生电离、跳火，引起火灾。为了防止静电放电，在使用燃料时应注意以下几点：

（1）对用来储存、运输燃料的油罐、管道、装卸设备等都必须加装有良好的接地装置。

（2）往油罐、油桶灌装汽油时，输油管的管口必须插至容器底部，以减少油流的冲击力和摩擦。

（3）装油容器出口不可覆盖易燃物。尽量不要用汽油擦洗毛织物。若必须擦洗时，动作要轻，以防止产生静电。

（4）油罐车必须有接地铁链。对于有快速装卸设备的汽车（0.5 m^3/min），除有接地铁链外，在装卸燃料时，还应将车上的接地线插入地下不小于 100 mm 的深度。

（5）通常装油开始和装到 3/4 容量时，最易发生静电放电现象。因此，在快速装油开始和接近结束时，应适当降低灌装速度。

（6）不要用塑料桶来存放汽油。

3. 防止中毒

汽油具有一定的毒性，在使用时应注意以下几点：

（1）尽量避免汽油蒸气与呼吸器官直接接触。操作时要站在上风口，避免大量汽油蒸气直接吸入人体。

（2）工作地点要通风良好，以免汽油蒸气积聚过多，特别是进入通风不良的汽油仓库前，应先打开仓库门，进行自然通风，然后再进入工作。

（3）工作后要及时洗净手脸，在未洗之前不要吸烟、饮水和进食。要定期清洗工作服。

（4）禁止用嘴吮吸汽油。

（5）洗刷油罐、油罐车时，必须遵守操作规程。作业前要进行通风，进罐作业的人必须穿戴防毒面具，并系上安全带。罐外要有专人看守。

（6）若不慎中毒，应立即将人抬到空气清新的地方进行人工呼吸或让其闻氨水，并送医院抢救。

知识总结

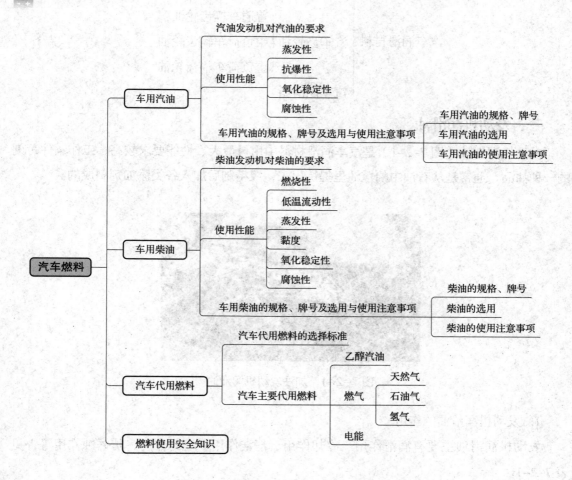

课题 二 汽车润滑材料

学习目标

1. 掌握发动机润滑油的性能、品种及选用与使用注意事项。

2. 掌握汽车齿轮油的性能、品种及选用与使用注意事项。

3. 掌握汽车润滑脂的性能、品种及选用与使用注意事项。

🔧 相关知识

汽车在运行过程中，为了减少各运动零部件之间的摩擦及磨损，延长机件的使用寿命，必须使用各种润滑材料。根据润滑材料的组成及润滑部位的不同可以将汽车润滑材料分为以下几类：

$$
汽车润滑材料
\begin{cases}
发动机润滑油
\begin{cases}
汽油发动机润滑油 \\
柴油发动机润滑油
\end{cases} \\
汽车齿轮油
\begin{cases}
普通车辆齿轮油 \\
中负荷车辆齿轮油 \\
重负荷车辆齿轮油
\end{cases} \\
汽车润滑脂
\end{cases}
$$

一、发动机润滑油

发动机润滑油（图 7-2-1）是汽车润滑材料中用量最大、性能要求较高、工作条件苛刻的一种油品，通常是从石油中的重油里提炼出来，经精制后加入各类添加剂制成的。

图 7-2-1　加注发动机润滑油

1. 发动机润滑油的作用

发动机润滑油主要有润滑作用、冷却作用、清洁作用、密封作用、防锈蚀作用等，见表 7-2-1。

表 7-2-1　发动机润滑油的作用

作用	说　明
润滑作用	润滑油通过自流、飞溅和压力循环等方式在摩擦表面形成牢固的油膜，使金属间的干摩擦变为润滑油层间的液体摩擦，显著减小摩擦阻力，减小机件的磨损

作用	说　　明
冷却作用	润滑油在单位时间内以很大的流量进行循环，当润滑油流过各个摩擦表面时，将摩擦表面的热量带走，使机件保持正常的工作温度
清洁作用	润滑油在摩擦表面快速流动时，还携带出磨损的金属和其他杂质，并把它们送到油底壳中沉淀或由机油滤清器滤除。通过循环保证发动机机件表面清洁
密封作用	润滑油在发动机各机件之间的间隙形成油膜，起到密封作用，阻断漏气、漏水等
防锈蚀作用	润滑油能吸附在金属表面形成油膜，防止水和酸性气体对金属的腐蚀

此外，机件受到冲击载荷时，需要通过间隙中的润滑油后再传给轴承，由此起到缓冲、减振作用。

2. 发动机润滑油的工作环境

发动机润滑油的工作环境非常恶劣，见表 7-2-2。

表 7-2-2　发动机润滑油的工作环境

工作环境	说　　明
高温环境	润滑油在发动机中经常与高温机件接触，如气缸上部的平均温度为 180 ~ 270 ℃，曲轴箱中平均油温为 85 ~ 95 ℃。润滑油在高温下工作，极易氧化变质
燃烧废气和燃料的侵蚀	发动机在工作中燃烧的废气和未完全燃烧的混合气，在气缸密封不良时会窜入曲轴箱，这些气体冷凝后将形成水和酸性物质，稀释、腐蚀润滑油
金属催化剂的影响	发动机润滑油在发动机内循环每小时可达 100 次以上，灼热的润滑油不断地与各种金属机件及空气接触，在金属的催化下与氧反应，使润滑油不断老化变质
其他杂质的污染	发动机在运转过程中，吸入空气时带入的尘埃、机件磨损产生的金属屑以及燃烧生成的积炭等都会进入润滑油，从而对润滑油造成严重污染

3. 发动机润滑油的主要使用性能

由于发动机润滑油的工作环境十分恶劣，为了保证发动机在复杂工作条件下得到正常润滑，必须要求发动机润滑油具有适当的黏度、良好的黏温性、氧化稳定性、防腐性以及清净分散性等使用性能。

（1）黏度

黏度是指液体在外力作用下流动时，其分子间的内摩擦力，是润滑油的一项最主要的性能指标，它是润滑油分类及选用的依据。同时，发动机摩擦功率大小、运动零件的磨损量、活塞环的密封性、燃料的消耗量、发动机的冷启动性等和润滑油的黏度大小都有着密切关系。对发动机来说，润滑油黏度过大或过小都会对其工作产生不利影响，因此，要求润滑油的黏度要适宜。润滑油黏度对发动机工作的影响见表 7-2-3。

表 7-2-3 润滑油黏度对发动机工作的影响

润滑油黏度大小	对发动机工作的影响
润滑油黏度大	1）冷启动困难 2）使发动机的燃料消耗增加，输出功率下降，机件磨损加剧 3）冷却、清洁作用差
润滑油黏度小	1）油膜易破坏 2）密封作用差，气缸漏气，降低发动机功率 3）燃料消耗量增加

表示润滑油黏度的方法主要有动力黏度、运动黏度和条件黏度。我国润滑油规格中黏度采用动力黏度和运动黏度表示。

（2）黏温性

润滑油的黏度是随温度变化而变化的，温度升高，黏度变小，温度降低，黏度增大，这种黏度随温度变化的特性称为黏温性。

黏温性是发动机润滑油的一项重要使用性能，发动机润滑油在使用中均要求有良好的黏温性。这是因为发动机润滑部位的温度变化范围很宽，如活塞头部为 205～300 ℃，活塞裙部为 110～115 ℃，主轴承为 85～95 ℃，而发动机在启动时为常温，所以要求润滑油在高温和低温状态下均能保持一定的黏度，以保证润滑作用。表示润滑油黏温性的指标主要有运动黏度比和黏度指数。

（3）氧化稳定性

氧化稳定性是指润滑油在一定的外界条件下抵抗氧化作用的能力。润滑油在储存和使用中，会与空气中的氧接触，发生氧化反应，引起润滑油变质，并生成氧化物，使润滑油的外观和性能发生变化，如颜色变黑、黏度增大、酸度增大等。变质后的润滑油在工作中会加剧机件磨损，破坏发动机的正常工作，还会加速润滑油老化变质，因此，要求润滑油具有良好的抗氧化能力，特别是在高温下的抗氧化能力，又称热氧化稳定性。为减缓润滑油氧化变质，延长使用寿命，通常在润滑油中要加入各种性能良好的抗氧剂。

（4）防腐性

润滑油在氧化过程中会产生酸性物质，如各种有机酸等。虽然这些有机酸酸性较低，但在高温、高压且含有水分时，对金属有很强的腐蚀性，特别是对发动机中的滑动轴承。因此，要求润滑油具有良好的防腐性。

为了提高润滑油的防腐性，通常采用以下方法：一是加深润滑油的精炼程度，以减小酸值；二是添加防腐剂，常用的防腐剂多为硫、磷等有机盐，它能在轴承表面形成防腐保护膜，同时减少油中的氧化物，使机件不受腐蚀。

（5）清净分散性

清净分散性是指润滑油将其老化后生成的胶状物、积炭等氧化产物悬浮在油中，使其不易沉积在机件表面，同时将这些沉积物从机件上清洗下来的能力。

在润滑油的使用过程中，会有一些因燃料燃烧而生成的炭粒、烟尘进入其中，此外还有一些空气中的灰尘也会进入润滑油中，再加上润滑油自身的高温氧化产生的一些酸性物质，长期下去这些物质就会生成积炭、油泥。这些积炭和油泥会堵塞油孔，使发动机散热不良，活塞环黏着，供油不畅，润滑不良，加剧机件磨损以及油耗增大、功率下降等。因此，润滑油应有良好的清净分散性。

润滑油的清净分散性通常是通过在油中添加清净分散剂来提高的。常用的有金属型清净分散剂和无灰型清净分散剂，它们不仅具有良好的清净分散效果，同时还有良好的抗氧化性能。

4. 发动机润滑油的分类

根据国家标准《内燃机油黏度分类》（GB/T 14906—2018）、《内燃机油分类》（GB/T 28772—2012），发动机润滑油按其黏度以及质量等级进行分类。

（1）按黏度分类

1）冬季用油（W级）按低温启动黏度、低温泵送黏度划分为0W、5W、10W、15W、20W、25W六个等级，级号越小，适应的温度越低。

2）非冬季用油按100 ℃时运动黏度和150 ℃高温高剪切黏度划分为8、12、16、20、30、40、50、60八个等级，级号越大，适应的温度越高。

（2）按质量等级分类

1）汽油机油（S系列）：分为SE、SF、SG、SH、SJ、SL、SM、SN共八个级别。

2）柴油机油（C系列）：分为CC、CD、CF、CF-2、CF-4、CG-4、CH-4、CI-4、CJ-4共九个级别。

各类油品的级号越靠后，其使用性能越好。

5. 发动机润滑油的选用及使用注意事项

（1）发动机润滑油的选用

汽油发动机与柴油发动机的工作条件不同，使用的润滑油也不相同。润滑油使用得当，发动机的动力性、经济性及使用寿命才会得到提高，正确选择润滑油十分重要。

1）根据发动机工作条件来选择使用等级。

①汽油润滑油使用等级的选用。汽油润滑油使用等级的选用可按发动机压缩比及发动机附属装置来选择，见表7-2-4。

表7-2-4　按发动机压缩比及附属装置选用汽油润滑油的使用等级

压缩比	发动机附属装置	使用等级
8～10	EGR（废气循环）装置	SE
>10	EGR装置及废气催化转化器	SF
>10	电喷系统	SF以上

②柴油润滑油使用等级的选用。柴油润滑油使用等级可用柴油机强化系数来表示。强化系数越高，柴油机的热负荷和机械负荷就越大，润滑油的工作条件也就越苛刻，要求选用使用等级高的润滑油。强化系数与柴油润滑油使用等级之间的关系见表7-2-5。

表7-2-5　强化系数与柴油润滑油使用等级的关系

强化系数	柴油润滑油使用等级
<50	CC
50～80	CD
>80	CF以上

2）根据地区、季节、气温和发动机技术特性选用黏度等级。

①根据使用地区、季节、气温选用不同的黏度等级。气温低的地区和季节，应选用黏度小的润滑油；反之，应选用黏度大的润滑油。发动机润滑油黏度等级与适用温度范围对应关系见表7-2-6。

表7-2-6　发动机润滑油黏度等级与适用温度范围对应关系

温度范围	–30～20 ℃	–30～30 ℃	–25～30 ℃	–25～40 ℃	–20～40 ℃
适用黏度等级	5W/20	5W/30	10W/30	10W/40	15W/40
温度范围	–15～40 ℃	–20～10 ℃	–15～20 ℃	–10～35 ℃	–5～40 ℃
适用黏度等级	20W/40	10W	20	30	40

②根据发动机技术特性选用黏度等级。新发动机应选用黏度相对较小的润滑油，以保证在走合期内正常磨合；而使用较久、磨损较大的发动机则应选用黏度相对较大的润滑油，以保证工作时所需的润滑油压力，保证正常润滑。

（2）发动机润滑油使用注意事项

1）应根据汽车使用说明书选择润滑油的使用等级。

2）要选用适当黏度的润滑油，并不是黏度越大越好，因为黏度过大，刚启动时润滑油流动太慢，容易使机件磨损加剧。

3）在换油时要将废油放净，以免污染新加入的润滑油，导致新油迅速变质，引起发动机腐蚀性磨损，缩短发动机使用寿命。

4）保持曲轴箱通风良好。由燃烧室窜入曲轴箱的气体有腐蚀性，能使润滑油氧化变质并污染发动机，因此，必须保持曲轴箱通风良好。

5）保持正常的油面高度。油量不足时，不仅会加速润滑油变质，而且会因缺油而引起机件的烧损；相反，油量太多，润滑油会沿缸壁和活塞环之间的间隙窜入燃烧室。此外，油平面过高，会增加润滑油的搅动阻力，使油耗增大，磨损加剧。

6）定期检查、保养润滑油各滤清器，及时更换滤芯。

7）定期按质换油。任何质量的润滑油，在使用到一定里程后，其理化指标都会发生变化，会给发动机带来危害，产生故障，因此要根据油的变化情况定期按质换油。

8）使用稠化润滑油时，与同一牌号的一般润滑油比较，其油压应稍低。因为稠化润滑油黏温性好，在高温时黏度较大，在低温时又有较小的黏度，在发动机正常温度范围内黏度稍低，所以压力稍低是正常现象。

9）使用全年通用润滑油或冬季使用稠化润滑油时，不能添加普通润滑油，以免影响低温启动性。在春季或改用一般润滑油时可逐步添加普通润滑油。

二、汽车齿轮油

在汽车润滑材料中除了发动机润滑油外，使用较多的还有汽车齿轮油。汽车传动系统中的变速器、差速器、主减速器和转向系统中的转向器（图7-2-2）等机件在工作时必须有齿轮油存在，才能保证其正常的工作状态。齿轮油的工作环境及条件不同于发动机润滑油，因此，对汽车齿轮油的性能要求也有所不同。

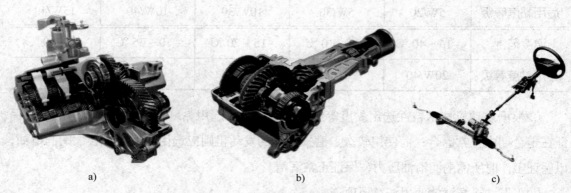

图 7-2-2　需加注齿轮油的机件
a）手动变速器　b）主减速器　c）转向器

1. 齿轮油的工作条件

汽车齿轮油与发动机润滑油相比，其工作条件的特点为工作温度不高但承受的压力大。

（1）工作温度不高

齿轮油远离发动机，基本不受热源影响，油温的升高主要来源于传动机构摩擦产生的摩擦热，并且随周围环境气温的变化而变化。一般齿轮工作油温最高不超过 100 ℃，双曲面齿轮由于滑动速度大，工作油温相对高些，可达到 160~180 ℃。

（2）承受的压力大

齿轮在啮合传动过程中，齿与齿间的接触为线接触，接触面积小，啮合部位的单位压力极高，一般汽车齿轮的接触压力达 2 000~3 000 MPa；双曲面齿轮接触压力更高，甚至达到 3 000~4 000 MPa，相对滑移速度在 400 m/min 以上。

2. 齿轮油的主要使用性能

为保证齿轮传动的正常运转及良好的润滑，对齿轮油的使用性能要求是具有良好的抗磨性；适宜的黏度和黏温性；良好的热氧化稳定性；低温流动性好；良好的防腐、防锈性能和抗泡沫性等。

（1）抗磨性

抗磨性是指齿轮油在运动机件的表面形成并保持牢固的油膜，防止金属之间相互接触的能力。齿轮油的抗磨性主要取决于其油性和极压性。

1）油性。油性是指齿轮油吸附在机件表面，形成油膜，减小零件的摩擦和磨损的能力，又称为黏附性。它是齿轮油的一项重要质量指标，油性好，易在零件表层形成油膜，使齿轮摩擦减小，提高抗磨性。

2）极压性。极压性是指在齿轮接触压力极高且有较高的滑动速度条件下，齿轮油在齿面间形成坚固油膜，而避免齿面烧结、磨损的性能，又称承载能力。它也是齿轮油的一项重要质量指标。

（2）黏度和黏温性

齿轮油和发动机润滑油一样，必须具有适当的黏度和黏温性。黏度过大，运转时摩擦阻力加大，启动困难，功率消耗大，油耗高；黏度过小，油膜不易保持，齿面磨损加剧，机件使用寿命降低。对于黏温性，齿轮油虽然没有润滑油那么大的温度变化范围，但其齿面压力很大，同样要求有良好的黏温性，特别是在寒冷地区，往往会因齿轮油黏度过大而造成车辆启动困难，油耗增大。

（3）热氧化稳定性

齿轮油同发动机润滑油一样还必须有一定的热氧化稳定性。齿轮油在使用中，由于受齿轮的强烈搅动，与氧气不断接触，在金属催化的作用下，发生氧化而生成氧化物，使齿轮油的黏度增加，酸值升高，颜色变深，沉淀物增多，并导致抗磨性变差，腐蚀性增加，换油周期缩短。因此，为延长齿轮油的使用期限，齿轮油中要添加抗氧化剂，以改善其热氧化稳定性。

（4）防腐、防锈性能

齿轮油在使用过程中会产生酸性物质和硫化物，从而引起齿轮及其他金属的腐蚀。另外，由于齿轮油中会有水及氧气的存在，而水和氧气能使金属表面锈蚀。因此，为了提高齿轮油的防腐蚀、防锈蚀性能，往往在油中加入防腐、防锈添加剂，使之在金属表面形成一层保护膜。

（5）抗泡沫性

齿轮油在齿轮的强烈搅动下会产生泡沫，若泡沫不能很快地消除，则会在齿面上发生溢流，使油料减少，还会破坏油膜，加剧磨损，严重时会造成齿轮烧结、胶合等。因此，为使齿轮油泡沫生成少、消散快，油中需添加抗泡剂。

3. 齿轮油的分类与规格

（1）齿轮油的分类

1）黏度分类。根据国家标准《汽车齿轮润滑剂黏度分类》（GB/T 17477—2012），黏度等级有单级和多级之分，单级油分为含字母 W 和不含字母 W 的两组黏度等级系列（见表7-2-7），含字母 W 黏度等级系列（是冬季用齿轮油）以低温黏度达 150 000 mPa·s 时的最高温度划分，分为 70W、75W、80W、85W 四个黏度等级；不含字母 W 黏度等级系列（为常温和高温用）以 100 ℃时的运动黏度划分，有 80、85、90、110、140、190、250 共七个黏度等级。另外，还规定了三个多级齿轮油，多级油黏度等级有 80W-90、85W-90、

85W–140。例如，80W–90，其黏度应满足 80W 的低温要求并且在 90 高温要求规定范围内。

表 7-2-7　汽车齿轮润滑剂黏度分类（GB/T 17477—2012）

黏度牌号	最高温度（低温黏度达到 150 000 mPa·s)/(℃)	100 ℃时的运动黏度 /（mm²/s）	
		最小	最大
70W	−55	4.1	—
75W	−40	4.1	—
80W	−26	7.0	—
85W	−12	11.0	—
80	—	7.0	<11.0
85	—	11.0	<13.5
90	—	13.5	<18.5
110	—	18.5	<24.0
140	—	24.0	<32.5
190	—	32.5	<41.0
250	—	41.0	—

2）使用性能分类。按齿轮承载能力和使用条件不同，将齿轮油使用性能分为 GL–3、GL–4、GL–5 和 MT–1 四个级别。我国将车辆齿轮油分为普通车辆齿轮油、中负荷车辆齿轮油、重负荷车辆齿轮油和非同步手动变速器油，我国车辆齿轮油名称与齿轮油使用性能分类的对应关系见表 7–2–8。

表 7-2-8　我国车辆齿轮油名称与齿轮油使用性能分类的对应关系

我国车辆齿轮油名称	使用性能分类
普通车辆齿轮油	GL–3
中负荷车辆齿轮油	GL–4
重负荷车辆齿轮油	GL–5
非同步手动变速器油	MT–1

（2）齿轮油的规格

根据国家标准《车辆齿轮油分类》（GB/T 28767—2012），车辆齿轮油分为普通车辆齿轮油、中负荷车辆齿轮油和重负荷车辆齿轮油。

1）普通车辆齿轮油（GL–3）是以精制矿物油加抗氧化剂、防锈剂、抗泡剂和少量极压剂等制成，适用于中等速度和负荷较大的手动变速器和较缓和的螺旋伞齿轮驱动桥。

2）中负荷车辆齿轮油（GL-4）由精制矿物油加抗氧化剂、防锈剂、抗泡剂和极压剂等制成，适用于速度和负荷比较苛刻的螺旋伞齿轮和较缓和的准双曲面齿轮，可用于手动变速器和驱动桥。

3）重负荷车辆齿轮油（GL-5）是由精制矿物油加抗氧化剂、防锈剂、抗泡剂和极压剂等制成，主要适用于在高速冲击负荷、高速低扭矩和低速高扭矩下工作的各种齿轮，特别是准双曲面齿轮。

4. 齿轮油的选用及使用注意事项

（1）使用等级的选用

齿轮油的使用等级是根据驱动桥类型、工况条件、负荷及速度来选择的。齿轮在工作时接触压力和滑动速度越大，工作条件也就越苛刻，越应选择高级别的齿轮油。一般来说，螺旋伞齿轮驱动桥因齿轮接触压力和滑动速度较低，可选用普通车辆齿轮油（GL-3）；中等速度和负荷的单级准双曲面齿轮，齿面平均接触应力在 1 500 MPa 以下，选用中负荷车辆齿轮油（GL-4）或重负荷车辆齿轮油（GL-5）；高速重载准双曲面齿轮，齿面接触应力高达 2 000~4 000 MPa，滑动速度为 10 m/s，必须选用重负荷车辆齿轮油（GL-5）。

（2）黏度等级的选用

齿轮油的黏度等级是根据季节、气温来选择的。选择的齿轮油的黏度应既能保证低温启动，又能满足油温升高后的润滑要求。因此，可以按齿轮油黏度达 150 000 mPa·s 时的最高温度（表 7-2-7）作为使用的最低温度对照当地气温来选用。

（3）齿轮油的使用注意事项

1）等级低的齿轮油不能用在要求较高的车辆上；等级高的齿轮油可降级使用，但降级过多则会造成经济上的浪费。

2）齿轮油的黏度应以能保证润滑为宜，如果黏度过高，会增加燃油消耗。尽可能选用合适的多级齿轮油，以避免季节换油造成浪费。

3）不同等级的车辆齿轮油不能混用。

4）齿轮油在储存及使用过程中要严防水分、机械杂质等混入。

5）适时换油。换油时，应趁热放出旧油，并将齿轮和齿轮箱清洗干净后再加入新油。

三、汽车润滑脂

润滑脂（图 7-2-3）是将稠化剂分散于液体润滑剂中所形成的一种具有塑性的润滑产品，常温下呈稳定的固体或半固体。润滑脂具有许多其他润滑剂所不具备的优良性能，如在常温下具有良好的黏附性，可附着于垂直表面不流失或飞溅；承压、抗磨性强，在大负荷和冲击载荷下，仍能保持良好的润滑性能；使用周期长，可减少维护工作量；具有较好的密封和防护作用。因此，在汽车和工程机械的许多机件上都使用润滑脂作为润滑材料。

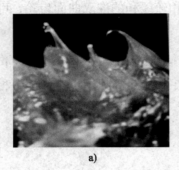

a)

b)

图 7-2-3　润滑脂及其应用

a）润滑脂　b）润滑脂润滑轴承

1. 润滑脂的组成

润滑脂由基础油、稠化剂、添加剂及填料三部分组成，一般基础油含量占 75%～90%，稠化剂含量占 10%～20%，添加剂及填料含量占 5% 以下。

（1）基础油

基础油在润滑脂中起润滑作用，它对润滑脂的性能有较大影响，常用的有中等黏度及高黏度的石油基础油、合成基础油（酯类油、硅油）等。

（2）稠化剂

稠化剂是润滑脂的重要成分，它分散在基础油中形成润滑脂的结构骨架，使基础油被吸附和固定在结构骨架中，其性质和含量决定了润滑脂的黏稠度、抗水性和耐热性。稠化剂分为皂基稠化剂和非皂基稠化剂。90% 的润滑脂采用皂基稠化剂，它由动植物油或脂肪酸与氢氧化物（碱）反应制成，常用的有钙皂、钠皂、锂皂等。

（3）添加剂及填料

一类添加剂是润滑脂所特有的，称为胶溶剂，它能使油皂结合更加稳定，如甘油和水等；另一类添加剂与润滑油中的一样，如抗氧化剂、防锈剂、抗磨剂等，但用量一般比润滑油中多。为了提高润滑脂抵抗流动和增强润滑的能力，还常添加石墨、二硫化钼和炭黑等作为填料。

2. 润滑脂的主要使用性能

（1）稠度

稠度反映了润滑脂的浓稠程度，是润滑脂的一个重要指标。

（2）高温性能

温度对于润滑脂的流动性有很大影响，温度升高，润滑脂变软，使得润滑脂附着性能降低而易于流失。另外，在较高温度条件下还易使润滑脂的蒸发损失增大，氧化变质与凝缩分油现象严重。因此，润滑脂在使用过程中要求具有较高的高温性能，其高温性能可用滴点、蒸发度等指标进行评定。

1）滴点。润滑脂的滴点是指其在规定条件下达到一定流动性时的最低温度，以 ℃ 表示。润滑脂的滴点可反映其使用温度的上限，当温度达到滴点时，润滑脂已丧失对金属表面的黏附能力。因此，润滑脂应在滴点以下 20~30 ℃ 或更低的温度条件下使用。

2）蒸发度。润滑脂的蒸发度是指在规定条件下蒸发后，润滑脂的损失量所占的质量百分数。润滑脂基础油蒸发损失，就会使润滑脂中的皂基稠化剂含量相对增大，导致润滑脂的稠度发生变化，使用中会造成内摩擦增大，影响润滑脂的使用寿命。因此，蒸发度指标可以从一定程度上表明润滑脂的高温使用性能。

（3）抗水性

润滑脂的抗水性表示润滑脂在大气湿度条件下的吸水性能。当润滑脂吸收水分后，会使稠化剂黏稠度下降、滴点降低，引起腐蚀。因此，要求润滑脂在储存和使用中不具有吸收水分的能力。汽车在使用过程中，底盘各摩擦点可能与水接触，这就要求润滑脂具有良好的抗水性。

（4）防腐性

防腐性是润滑脂阻止与其相接触金属被腐蚀的能力。润滑脂的稠化剂和基础油本身是不会腐蚀金属的，但在使用过程中因氧化产生酸性物质或吸收了水分就会使金属受到腐蚀。因此，要求润滑脂不能含有过量的游离酸或碱，同时也不应含游离水。

（5）胶体稳定性

胶体稳定性是指润滑脂在储存和使用时避免胶体分解，防止液体润滑油析出的能力。胶体稳定性不好，则润滑脂在储存和使用中易发生皂油分离，将直接导致润滑脂稠度改变和流失。

（6）机械稳定性

机械稳定性是指润滑脂在机械工作条件下抵抗稠度变化的能力。机械稳定性差的润滑脂，使用中容易变稀甚至流失，影响润滑脂的使用寿命。

3. 润滑脂的品种、规格

润滑脂的品种很多，汽车上常用的润滑脂主要有钙基润滑脂、钠基润滑脂和汽车通用锂基润滑脂。

（1）钙基润滑脂

1）成分：由动植物油与石灰制成的钙皂稠化矿物润滑油，并以水作为胶溶剂而制成。

2）牌号：按锥入度分为 1 号、2 号、3 号、4 号四个牌号，号数越大，脂越硬，滴点越高。

3）特点：不溶于水，抗水性较强，且润滑、防护性能较好，但耐热性较差，在高温、高速部位润滑时易造成油皂分离。钙基润滑脂的使用温度一般在 10～60 ℃。

4）应用：主要应用于汽车底盘上的各润滑点、水泵、分电器凸轮等部位。

（2）钠基润滑脂

1）成分：由动植物油加烧碱制成的钠皂稠化矿物润滑油制成。

2）牌号：按锥入度分为 2 号、3 号两个牌号。

3）特点：耐水性很差，遇水钠皂就会溶解而失去稠化能力，使润滑脂乳化而流失，但滴点较高（160 ℃），耐热好，可在 110 ℃下较长时间工作，并有较好的承压抗磨性能。

4）应用：主要应用于工作温度高、不与水接触的工作条件下的润滑部位。

（3）汽车通用锂基润滑脂

1）成分：由脂肪酸锂皂稠化矿物基础油加入抗氧化剂、防锈剂制成。

2）牌号：按工作锥入度分为 2 号、3 号两个牌号。

3）特点：滴点高（180 ℃），使用温度范围广，可以在 –30～120 ℃长期使用，而且还具有良好的胶体稳定性、抗水性和防锈性。

4）应用：主要应用于汽车轮毂轴承、底盘、水泵等摩擦部位的润滑，应用范围广。

除上述三种主要的润滑脂以外，汽车常用的润滑脂还有石墨钙基润滑脂、钙钠基润滑脂和极压锂基润滑脂。石墨钙基润滑脂具有良好的抗水性和抗碾压性能，主要用于汽车钢板弹簧等承压部位的润滑；钙钠基润滑脂的抗水性优于钠基润滑脂，耐热性优于钙基润滑脂，介于钙基润滑脂和钠基润滑脂之间，主要用于汽车水泵、离合器、传动轴和轮毂轴承的润滑；极压锂基润滑脂适用于高负荷齿轮和轴承的润滑，高性能的进口轿车推荐使用这种润滑脂。

4. 润滑脂的选用

润滑脂的选用应根据车辆使用说明书中的规定，选用与用脂部位工作条件相适应的润滑脂品种和稠度牌号。在实际选用中要注意以下几点：

（1）工作温度

被润滑部位的最低工作温度应高于润滑脂的低温界限，否则在启动和运转时，将会造成摩擦和磨损加剧；最高温度应低于高温界限，否则会因润滑脂流失而失去润滑能力。

（2）水污染

包括潮湿环境条件和防腐性，要根据使用要求，综合考虑来确定润滑脂的等级。

（3）负荷

根据单位面积所受压力的大小确定，选用非极压型或极压型润滑脂。

（4）稠度牌号

与环境温度及转速、负荷因素有关。一般高速低负荷的部位，应选用稠度牌号低的润滑脂；相反，则应选择稠度牌号高的润滑脂。

5. 润滑脂的使用注意事项

（1）所加注的润滑脂量要适当。加脂量过大，会使摩擦力矩增大，温度升高，耗脂量增大；加脂量过少，则不能获得可靠润滑而发生干摩擦。

（2）注意防止不同种类、牌号及新旧润滑脂的混用。避免装脂容器和工具的交叉使用，否则，将对润滑脂产生滴点下降、锥入度增大和机械稳定性下降等不良影响。

（3）重视加注润滑脂过程的管理。在领取和加注润滑脂前，要严格注意容器和工具的清洁，设备上的供脂口应事先擦拭干净，严防机械杂质、尘埃和砂粒的混入。

（4）注意季节用脂的及时更换。

（5）注意定期加换润滑脂。润滑脂的加换时间应根据具体使用情况而定，既要保证可靠的润滑，又不至于引起脂的浪费。

（6）不要用木制或纸制容器包装润滑脂，防止失油变硬、混入水分或被污染变质。应将脂存放于阴凉干燥的地方。

知识总结

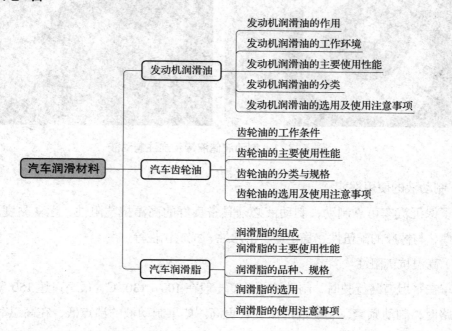

		发动机润滑油的作用
		发动机润滑油的工作环境
	发动机润滑油	发动机润滑油的主要使用性能
		发动机润滑油的分类
		发动机润滑油的选用及使用注意事项
汽车润滑材料		齿轮油的工作条件
		齿轮油的主要使用性能
	汽车齿轮油	齿轮油的分类与规格
		齿轮油的选用及使用注意事项
		润滑脂的组成
		润滑脂的主要使用性能
	汽车润滑脂	润滑脂的品种、规格
		润滑脂的选用
		润滑脂的使用注意事项

课题 三 汽车工作液

学习目标

1. 了解汽车制动液、冷却液、液力传动油的规格。
2. 掌握汽车制动液、冷却液、液力传动油的种类和适用范围。

相关知识

为了保障汽车的正常工作和安全行驶，汽车的各个工作系统需使用各种工作介质，通常把这些介质统称为汽车工作液，主要包括汽车制动液、汽车冷却液、汽车液力传动油等。

一、汽车制动液

汽车制动液是液压制动系统中采用的传递压力以制止车轮转动的工作介质。由于制动液在液压制动中具有重要作用，因此要求其安全可靠、质量高、性能好。如图 7-3-1 所示为向汽车制动系统加注制动液。

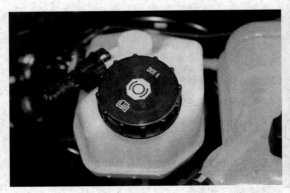

图 7-3-1　制动液储液罐及加注制动液

1. 制动液的使用性能

为了保证汽车可靠制动，制动液必须具备良好的高温抗气阻性、运动黏度和润滑性、抗腐蚀性、与橡胶的配伍性、稳定性、溶水性、抗氧化性等。

（1）高温抗气阻性

汽车在平坦道路行驶时，制动液的温度一般在 100～130 ℃，最高可达 150 ℃；行驶在山间道路时，制动频繁，制动液的温度会更高。如果制动液的沸点低，在高温时会使制动液蒸发继而产生气阻，导致制动失灵。因此，高温抗气阻性是对制动液使用性能的主要要求之一，其评定指标为平衡回流沸点，即制动液在平衡回流（在蒸馏烧瓶上装上回流冷凝器并加热使瓶中制动液沸腾）状态下液态部位的温度，简称沸点，其值越高，制动液的高温抗气阻性越好。

（2）运动黏度和润滑性

汽车制动液在使用时还应具有良好的流动性，并且为了保持制动缸和橡胶皮碗间能很好地滑动，还要求制动液具有适当的润滑性。因此，要求汽车制动液具有良好的低温流动性，并且制动液的黏度随温度的改变变化小，即黏温性能好。在制动液规格中，都规定了 −40 ℃最大运动黏度和 100 ℃的最小运动黏度。

（3）抗腐蚀性

在液压制动系统中，传动装置多数由金属材料制成，在工作时这些机件与制动液长期接触，极易产生腐蚀，使制动失灵。因此，为了保证液压制动系统的正常工作，在制动液使用技术条件中，要求制动液能通过金属腐蚀试验，抗腐蚀性要合格。

（4）与橡胶的配伍性

在液压制动系统中，用橡胶制品来保证系统的密封，如皮碗、软管、油封等。这些橡胶制品长期浸泡在制动液中，为了保证它们正常工作，避免制动失灵，要求制动液应具有良好的与橡胶的配伍性，对橡胶零件不会造成溶胀、软化或硬化等不良影响。因此，在制动液使用技术条件中，要求制动液能通过皮碗试验。

此外，制动液还必须具有良好的稳定性、溶水性以及抗氧化性等。

2. 制动液的分类

汽车制动液均为合成制动液，合成制动液是由基础液、润滑剂和添加剂组成的，按其基础液不同，常用的有醇醚型和脂型两种。合成制动液工作温度范围宽，黏温性好，对橡胶和金属的腐蚀均很小，适合于高速、重负荷和制动频繁的汽车使用。

汽车制动液的品种按国家标准《机动车辆制动液》（GB 12981—2012）进行分类。根据制动液使用工况温度和黏度要求不同，分为 HZY3、HZY4、HZY5、HZY6 四种级别。

（1）醇醚型制动液。其基础液主要有乙二醇醚类、甘醇醚类化合物或聚醚等。常用的润滑剂有聚乙二醇、聚丙二醇、环氧乙烷和环氧丙烷无规共聚物等。添加剂主要有抗氧化剂、抗腐蚀剂、抗橡胶溶胀剂和 pH 值调整剂等。醇醚型制动液平衡回流沸点较高、性能稳定、成本低，是用量最大的一种制动液，其缺点是吸湿性强。

（2）酯型制动液。其基础液通常采用乙二醇醚酯、乙二醇酯或硼酸酯等，克服了醇醚型制动液吸湿性强的缺点。这类制动液能保持醇醚的高沸点，同时吸湿性弱或基本不吸湿，适合在湿热环境下使用。

3. 合成型制动液的选用和使用注意事项

（1）合成型制动液的选用

合成型制动液是按等级来划分的。选用时应严格按照车辆使用说明书的规定，选用合适等级的制动液，以确保行车安全。若国产车使用进口制动液或进口车使用国产制动液，应根据其对应关系正确选用。若无车辆使用说明书，可根据车辆的工作条件（气候特点和道路条件）进行选择。HZY3 具有良好的高温抗气阻性能和优良的低温性能，相当于 DOT3（DOT3、DOT4、DOT5.1 为美国交通运输部规定的制动液类型）水平，在我国广大地区均可使用；HZY4 具有优良的高温抗气阻性能和良好的低温性能，相当于 DOT4 水平，我国广大地区均可使用；HZY5 具有优异的高温抗气阻性能和低温性能，相当于 DOT5.1 水平，特殊要求车辆使用。

（2）使用注意事项

1）各种制动液不能混合使用，以防止混合后分层而失去作用。

2）换用其他制动液时，应彻底清洗制动系统，并使用专业工具。

3）应保持制动液清洁，防止水分、矿物油和机械杂质混入。

4）汽车制动液多以有机溶剂制成，易挥发、易燃，应密封保存并注意防火。

5）汽车制动液的更换周期一般是（2～4）× 10^4 km。

二、汽车冷却液

发动机冷却液是以防冻剂、缓蚀剂等原料复配而成的，用于发动机冷却系统中，具有冷却、防腐、防冻、防结垢等作用的功能性液体。

1. 对冷却液的性能要求

汽车冷却液在冷却系统中起着冷却和防冻作用，为了保证汽车冷却系统的正常工作，对冷却液提出了以下基本要求：

（1）有较低的冰点。

（2）良好的导热性能。

（3）适宜的低温黏度。

（4）对金属、橡胶无腐蚀作用。

（5）良好的化学稳定性。

（6）泡沫少，蒸发损失小。

2. 冷却液的种类与性能

冷却液主要由防冻剂与水按一定比例混合而成，按防冻剂的不同，汽车常用的冷却液可分为酒精型、甘油型、乙二醇型等。

（1）酒精型冷却液

酒精型冷却液是以酒精作为防冻剂，与水配制而成。酒精易燃、易挥发，因此，这种冷却液流动性好、散热快，但易燃、易挥发，而且挥发后冰点容易回升。

（2）甘油型冷却液

甘油型冷却液是以甘油（丙三醇）作为防冻剂，与水配制而成。由于甘油的沸点、闪点高，这类冷却液的沸点高，不易蒸发和着火，但降低冰点的效率低，甘油用量大，成本高。

（3）乙二醇型冷却液

乙二醇型冷却液是使用最为广泛的一种。它用乙二醇作为防冻剂，与水配制而成。乙二醇的沸点高，与水混合后，可使冷却液的冰点显著降低，最低可达 -68 ℃。用不同比例的乙二醇和水可配制成不同冰点的冷却液。这类冷却液的优点是沸点高、冰点低、冷却效率高、黏度较小等，但乙二醇有毒性，对金属有腐蚀作用。因此，常用的乙二醇型冷却液多加有防腐剂和染色剂。

3. 乙二醇型冷却液的选用与使用注意事项

（1）选用

乙二醇型冷却液的牌号是按冰点划分的，在使用时应根据车辆使用地区冬季的最低气温来选择适当的牌号，且选用的冷却液冰点应比最低温度低 5～10 ℃。

（2）使用注意事项

1）加注乙二醇型冷却液前应将散热器中的水放尽，以免影响冷却液的性能。

2）用浓缩液配制时，乙二醇的含量不应超过 68%。因为超过该比例后，乙二醇会与水共溶，不但不能降低冰点，反而会使冷却液的黏度增加，散热性变坏。

3）乙二醇型冷却液使用一段时间后，会因蒸发而使液面下降，应及时加水，并保持原有容量。

4）乙二醇型冷却液的更换周期一般为 3～5 年，也可通过测定其 pH 值来判断是否需要更换，当冷却液的 pH 值小于 7 时就必须更换。

5）乙二醇对人体有毒性，使用时应严防入口。

6）应防止乙二醇型冷却液与油品接触，以免其受热后产生泡沫。

三、汽车液力传动油

自动变速器（图 7-3-2）的工作介质为液力传动油，又称自动变速器油（ATF）。

1. 液力传动油的性能要求

液力传动油在工作时不仅起传递动力的作用，同时还起着对齿轮、轴承等摩擦副的润滑作用，以及在伺服机构中起液压自动控制的作用。因此，要求液力传动油具有良好的使用性能。

图 7-3-2　自动变速器

（1）适宜的黏度

液力传动油的黏度对变矩器传动效率的影响很大，黏度越小，传动效率越高；黏度过小又会导致液压系统的泄漏增加；但是黏度过大，不仅影响变矩器的效率，而且还会造成低温启动困难。因此，黏度应当适宜，要求液力传动油在 100 ℃ 时的运动黏度一般在 7 mm^2/s 左右。

（2）良好的热氧化稳定性

液力传动油的热氧化稳定性在使用中非常重要。因为液力传动油工作温度高，如果热氧化稳定性不好，则会形成油泥、漆膜、沉淀物等，造成离合器摩擦片打滑和控制系统失灵等故障。因此，在液力传动油中都加有抗氧化剂来提高液力传动油的热氧化稳定性。

（3）良好的抗磨性

为满足自动变速器中的行星齿轮和各种齿轮的润滑、传动，离合器和制动器工作效能以及自动变速器使用寿命的需要，液力传动油要有良好的抗磨性能。

（4）良好的抗泡沫性

液力传动油在高速流动中会产生泡沫，影响自动控制系统的准确性，还使变矩器的传动效能下降。泡沫的形成主要是气体的掺入和油品中少量的水分在一定温度下蒸发造成的。为防止泡沫的产生，液力传动油中要加入抗泡沫剂，以降低油品表面张力，使气泡迅速从油中溢出。

（5）与系统中橡胶密封材料的匹配性

自动变速器中多使用丁腈橡胶、丙烯橡胶及硅橡胶等，要求液力传动油不能使其有太明显的膨胀，也不能使其硬化变质。

此外，还要求液力传动油具有良好的防腐蚀性能、储存稳定性及摩擦特性。

2. 液力传动油的分类、牌号与规格

根据 100 ℃ 运动黏度和使用温度，液力传动油分为 6 号液力传动油、8 号液力传动油、

8D号液力传动油。6号、8号和8D号液力传动油都是以轻质矿物油或合成油为基础油，加入抗氧化剂、防锈剂、抗磨剂和油性剂等调制而成。8号液力传动油具有良好的黏温性、抗磨性和较低的摩擦系数，适用于轿车和轻型货车的自动变速系统。6号液力传动油比8号液力传动油具有更好的抗磨性，但黏温性稍差，适用于内燃机车和重型货车的多级变矩器和液力耦合器。8D号液力传动油的各项指标除凝点外，均与8号液力传动油相同，因其凝点低，专用于严寒地区液力传动系统的润滑。

3. 液力传动油的选用与使用注意事项

（1）液力传动油的选用

应严格按车辆使用说明书的规定选用适合品种的液力传动油。轿车和轻型货车应选用8号液力传动油；重型货车、工程机械的液力传动系统应选用6号液力传动油；严寒地区选择8D号液力传动油。

（2）使用注意事项

1）液力传动油是一种专用油品，绝不能与其他油品混用，同牌号不同厂家生产的也不宜换兑使用，以免造成油品变质。

2）注意保持油温正常。油温过高会加速油的氧化变质，生成沉积物和积炭，引起故障。

3）要经常检查油平面。当车辆停放在平地上，发动机保持运转，油平面应在自动变速器量油尺上下两刻线之间，不足时应及时补充。如发现油面下降过快，可能是出现漏油，应及时予以检查排除。

4）应按车辆使用说明书的规定期限，及时更换液力传动油，同时拆洗自动变速器油底壳，清洗过滤器滤网，并更换密封垫。

知识总结

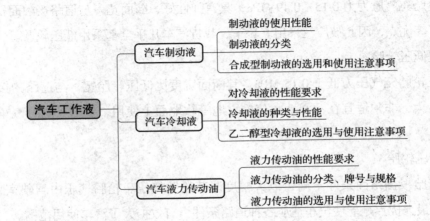

课题四 汽车轮胎

学习目标

1. 了解汽车轮胎的类型与结构。
2. 了解汽车轮胎规格的标记方法。
3. 掌握汽车轮胎的选用及使用注意事项。

相关知识

轮胎是现代汽车的重要部件之一，其安装在轮辋上，直接与地面接触，同汽车悬架共同来缓和汽车行驶时所受到的冲击，保证汽车良好的乘坐舒适性和行驶平顺性；保证车轮和路面有良好的附着性，提高汽车的牵引性、制动性和通过性；承受汽车的质量。

一、汽车轮胎的类型与结构

汽车轮胎按用途分，可分为轿车轮胎、载货汽车轮胎、特种用途轮胎，载货汽车轮胎又分为重型、中型和轻型三种。按胎体结构不同，可分为充气轮胎和实心轮胎，现代汽车大多数采用充气轮胎。充气轮胎又可按照组成结构不同分为有内胎轮胎和无内胎轮胎。

1. 按轮胎充气压力分类

（1）高压轮胎

高压轮胎充气压力为 0.5～0.7 MPa，滚动阻力小，油耗低，但缓冲性能差，与路面的附着能力低，在汽车上很少使用。

（2）低压轮胎

低压轮胎充气压力为 0.15～0.49 MPa，具有弹性好、断面宽、与道路接触面积大、壁薄而散热性好等优点，因此被广泛采用。轿车、载货汽车几乎全都采用低压轮胎。

（3）超低压轮胎

超低压轮胎充气压力低于 0.15 MPa，其断面宽度比低压轮胎宽，与道路的接触面积也比低压轮胎大，非常适宜在沼泽地、疏松雪地等软地面上使用，多用于越野汽车和少数特种汽车上。

（4）调压轮胎

调压轮胎根据路面条件不同可以大幅度调节轮胎气压。轮胎气压由驾驶室直接控制。调压轮胎的最大优点是能使汽车适应各种道路条件，有效扩大了汽车使用范围。

2. 按轮胎胎面花纹分类

汽车轮胎按胎面花纹不同，可分为横向花纹轮胎、条形花纹轮胎、混合花纹轮胎和越野花纹轮胎，如图 7-4-1 所示。

a)   b)   c)   d)

图 7-4-1 充气轮胎的类型

a）横向花纹轮胎 b）条形花纹轮胎 c）混合花纹轮胎 d）越野花纹轮胎

轮胎上的纵向花纹主要起到快速排水的作用，但是抓地能力不足；轮胎上的横向花纹拥有较大的抓地能力，但排水能力及导向性不好。因此，将两种花纹混搭在一起，让中间能提供快速排水的纵向花纹与胎肩上提供抓地力的横向花纹结合到一起，形成混合花纹轮胎。越野花纹的特点是花纹沟槽宽而深，花纹块接地面积较小。在松软路面上行驶时，一部分土壤将嵌入越野花纹沟槽之中，必须将嵌入越野花纹沟槽的这一部分土壤剪切之后，轮胎才有可能出现打滑，因此，越野花纹的抓地能力大。

3. 按轮胎组成结构分类

（1）有内胎轮胎

这种轮胎由外胎、内胎和垫带组成，如图 7-4-2 所示。内胎中充满着压缩空气；外胎

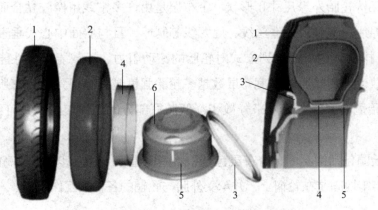

图 7-4-2 充气轮胎的组成

1—外胎 2—内胎 3—挡圈 4—垫带 5—轮辋 6—轮辐

是用以保护内胎使其不受外来损害的强度高且富有弹性的外壳；垫带在内胎与轮辋之间，防止内胎被轮辋及外胎的胎圈擦伤和磨损。

1）外胎

外胎一般由胎面（胎冠、胎肩）、胎侧、胎体和胎圈等部分组成，如图7-4-3所示。

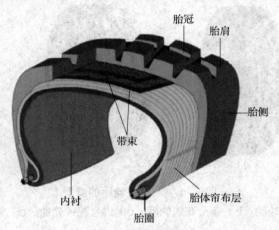

图7-4-3　外胎的结构图

①胎面。胎面包括胎冠和胎肩两部分。胎冠直接与地面接触，上面有各种花纹，用于承受汽车行驶中的冲击和磨损，并与路面有充足的附着力，胎冠要求具有一定厚度、较高的弹性及耐磨性等。胎肩为厚度较大的胎冠与厚度较小的胎侧的过渡部分，为提高其散热和防滑能力一般也刻有各种花纹。

②胎侧。胎侧是指胎体帘布层侧壁的薄橡胶层，用于保护侧面帘布层免受损伤。由于胎侧不与地面接触，受不到磨损，因此其厚度较小。但在轮胎滚动时，由于胎侧会有较大的拱曲变形，并频繁地承受弯曲和伸缩载荷，所以要求具有较高的疲劳强度。

③胎体。胎体位于外胎的内侧，是外胎的骨架，一般由帘布层、缓冲层组成，其作用是承受负荷、保持轮胎外缘尺寸和形状。帘布层是由许多帘线用橡胶黏合而成，一般有多层。帘线可用棉线、钢丝、人造丝线、尼龙线等制成，且与胎面中心线垂直或成一定夹角（一般为锐角）排列。帘线的排列方式对轮胎的滚动阻力、承载能力等性能影响较大。另外，帘线的层数也影响轮胎的强度，层数越多轮胎强度越大，但弹性会有所降低。缓冲层位于帘布层与胎冠之间，主要用来分散和降低胎冠部分的工作应力，并可约束轮胎变形，提高胎面强度。

④胎圈。胎圈包括钢丝圈、帘布层包边和胎圈包边等部分，其具有很高的刚度和强度，主要是将轮胎牢牢地固装在轮辋上，并承受外胎与轮辋的各种相互作用力。

2）内胎

内胎是一个环形橡胶管，如图7-4-4所示，其应具有良好的弹性、耐热性及气密性。

为使内胎在充气状态下不产生皱褶，其尺寸应小于外胎的内壁尺寸。另外，在内胎上还装有气门嘴，以方便轮胎的充气和放气。

3）垫带

垫带（图7-4-5）是一个具有一定形状和断面的环形胶带，其边缘较薄，且上有供内胎气门嘴通过的圆孔。垫带安装在内胎与轮辋之间，其作用是防止内胎被轮辋及外胎的胎圈擦伤和磨损，并能防止尘土、水侵入胎内。垫带按其结构分为有型式、无型式和平带式三种。

图 7-4-4 汽车轮胎的内胎

图 7-4-5 汽车垫带

（2）无内胎轮胎

无内胎轮胎是将空气通过气门嘴直接充入外胎中，为了保证外胎与轮辋之间有很好的密封性，一般在胎圈外侧做一层橡胶密封层。

无内胎轮胎在外观上和有内胎轮胎相近，如图7-4-6所示，所不同的是少了内胎和垫带，而在外胎内壁上多了一层厚2～3 mm的专门用来封气的橡胶密封层。在密封层正对胎面的下方还贴有一层用未硫化橡胶的特殊混合物制成的自黏层。当轮胎穿孔时，具有将刺穿的孔黏合的功能。

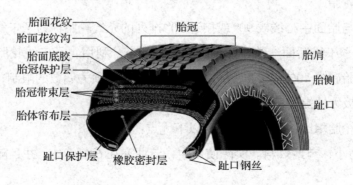

图 7-4-6 无内胎轮胎

无内胎轮胎因少了内胎和垫带，消除了内、外胎之间的摩擦生热，并且外胎变形产生的热量又可直接通过轮辋散发，所以在行驶时轮胎温度较低，适合高速行驶。另外，当轮胎穿孔时，轮胎内壁上的橡胶密封层处于压缩状态，可将穿刺物紧紧裹住，使轮胎不漏气或漏气缓慢，从而保证行车安全。但无内胎轮胎在制造材料和工艺方面的要求高，途中维修困难，自黏层在炎热季节会软化产生流动而破坏车轮平衡。

4. 按轮胎胎体帘线排列方向分类

根据轮胎结构的不同，即胎体中帘线排列方向不同，轮胎可分为普通斜交轮胎和子午线轮胎，如图 7-4-7 所示。

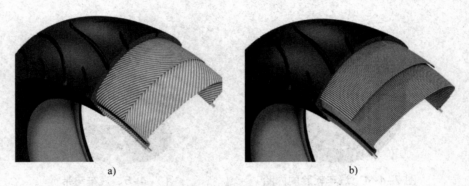

图 7-4-7　汽车轮胎帘线排列
a）普通斜交轮胎　b）子午线轮胎

（1）普通斜交轮胎

普通斜交轮胎的结构特点是胎体帘布、帘线排列方向与轮胎子午线断面呈一定夹角，帘线是由一侧胎边穿过胎面到另一侧胎边，且由这种斜置帘线组成的多层帘布交错叠合，呈斜交方式排列，帘布层的层数为偶数。

普通斜交轮胎具有噪声小、制造容易、价格便宜等优点，但其使用受到一定限制，已逐渐被子午线轮胎取代。

（2）子午线轮胎

帘布层帘线与胎面中心线成 90° 或接近 90° 排列的充气轮胎称为子午线轮胎。由于帘线排列方向与轮胎子午线断面一致，使帘线强度得到充分利用，子午线轮胎的帘布层层数一般比普通斜交轮胎减少 40%~50%，且帘布层层数没有必须为偶数的限制，胎体柔软，而带束层层数较多，极大地提高了胎面的刚度和强度。

与普通斜交轮胎相比，子午线轮胎有以下优点：

1）滚动阻力小，节约燃料。实际使用中，节油率在 6%~8%，并且随着车速提高，节油效果更好。

2）使用寿命长。子午线轮胎胎面刚性好，周向变形小，可用较硬橡胶作为胎面材料，因此耐磨性好。轮胎接地面积较大，单位压力小并且均匀，在路面上的滑移量小，使轮胎的行驶里程比普通斜交轮胎长约 50%。

3）减振性能好。子午线轮胎帘线径向排列，可充分利用帘线强度，比普通斜交轮胎提高约14%。

4）承载能力大。子午线轮胎帘布因有坚硬的带束层，所以大大增强了胎冠的抗刺能力，减少了轮胎爆胎的危险，提高了行驶的安全性。

5）附着性能好。子午线轮胎在行驶时接地面积较大，同时由于带束层的作用，接地压强分布较均匀，从而提高了附着力，减少了侧滑现象。

二、汽车轮胎规格的标记方法

轮胎规格是轮胎几何参数与物理性能的标志数据，根据国家标准《轿车轮胎规格、尺寸、气压与负荷》（GB/T 2978—2014）的规定，轿车轮胎一般由名义断面宽度（mm）、名义高宽比（%）、结构类型代号、轮辋名义直径（in）、负荷指数、速度符号六部分表示，如轮胎规格为195/60R1486H的标记方法如图7-4-8所示。

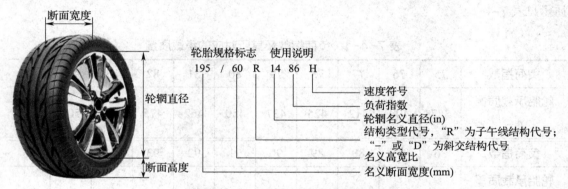

图 7-4-8 轮胎规格的标记方法

1. 轮胎的断面宽度

轮胎的断面宽度是影响整车油耗表现的一个因素。轮胎越宽，与地面的接触面积越大，相应地就增加了轮胎与地面的摩擦力，车辆的动能转化为摩擦热能而损失的能量就会增加，行驶相同距离时宽胎更耗油。但宽胎的抓地力更强，进而也将获得更好的车身稳定性。

2. 轮胎的高宽比

轮胎的高宽比是轮胎高度与宽度的比值，是影响车辆对路面的反应灵敏度的主要因素，如图7-4-9所示。高宽比越低的车辆，胎壁越薄，且轮胎承受的压力也越大，其对路面的反应非常灵敏，从而能够迅速地把路面的信号传递给驾驶者，更便于操控车辆，多见于一些以性能操控为主的车型。高宽比越

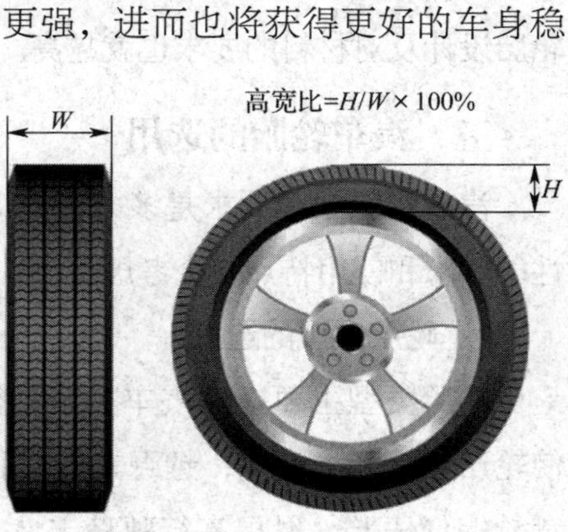

图 7-4-9 轮胎的高宽比

高，胎壁越厚，虽然拥有充足的缓冲厚度，但对路面的感觉较差，特别是转弯时会更拖沓，多见于一些以舒适性为主的车型。越野车的高宽比一般较高，主要是为了适应环境恶劣的路况。

3. 轮胎结构类型代号

轮胎的结构类型代号"R"表示子午线结构代号，"–"或"D"表示斜交结构代号。子午线轮胎无内胎应用较广泛，这种轮胎在高速行驶中不易聚热，当轮胎被钉子或尖锐物穿破后，漏气缓慢，可继续行驶一段距离。另外，还有简化生产工艺、减轻质量、节约原料等好处。

4. 负荷指数

轮胎的负荷指数是把轮胎所能承受的最大负荷以代号的形式表示，来表示轮胎承受负荷的能力。负荷指数数值越大，轮胎所能承受的负荷也越大。负荷指数及其所对应的承载质量见表7-4-1。

表 7-4-1　负荷指数及其所对应的承载质量

负荷指数	75	76	77	78	79	80	81	82	83	84	85
轮胎承载质量/kg	387	400	412	425	437	450	462	475	487	500	515
负荷指数	86	87	88	89	90	91	92	93	94	95	96
轮胎承载质量/kg	530	545	560	580	600	615	630	650	670	690	710

注：本表中数据为气压250 kPa下标准型轮胎的负荷能力，其余数据见国家标准。

5. 速度符号

速度符号表示对车辆速度的极限限制，超过许用速度可能会引起爆胎。速度级别越高，轮胎设计及对材料的要求也就越高。

三、汽车轮胎的选用

汽车对轮胎的要求是多方面的，轮胎的选择不能取决于单一因素，应针对汽车的具体性能要求和使用特点综合考虑。

1. 轮胎类型的选择

轮胎类型主要依据汽车类型和行驶条件来选择，货车普遍采用高强度尼龙帘布轮胎，使轮胎承载能力提高；越野车选用胎面宽、直径较大的超低压胎；轿车易采用直径较小的宽轮辋低压胎，以提高行驶稳定性。由于子午线轮胎的结构特点使其有很多优点，因此，应作为优先选择。

2. 轮胎花纹的选择

轮胎花纹主要是根据道路条件、行车速度、道路远近来进行选择。高速行驶汽车不宜采用加深花纹和横向花纹的轮胎，不然会因过分生热引起损坏。低速行驶的汽车应采用加深花纹或超深花纹，可提高轮胎使用寿命。

3. 轮胎尺寸和气压的选择

轮胎尺寸和气压主要是根据汽车承受载荷情况和行驶速度来选择，所选轮胎承受的静载荷值应不大于轮胎的额定载荷。值得注意的是在设定轮胎的实际使用气压时，应综合考虑汽车的运动性能、燃油经济性能、振动和噪声等，才能延长轮胎的使用寿命。

4. 轮胎的均匀特性的选择

轮胎的均匀特性集中显示轮胎尺寸、材质和结构的规范程度，综合体现轮胎的制造水平。均匀特性不好的轮胎，在汽车上使用时操纵稳定性差，影响高速行驶的安全性和舒适性。因此，在选用时应尽量选择均匀特性好的轮胎。

四、轮胎使用注意事项

1. 轮胎必须安装在与其尺寸相符的轮辋上，且不同车型应按车辆使用说明书或维修手册选择轮胎。

2. 同一车轴上应装配同一规格、品牌、尺寸、层数、气压、花纹的轮胎。

3. 装用新胎时，最好全车换胎，否则新胎应装在前轮和后轴的外挡上。

4. 后轴双胎并装时，双胎间隙不得少于 20 mm，但应不大于 35 mm，轮辋（钢圈、轮毂）通风口应对准。

5. 装配定向花纹的轮胎时，应使轮胎的旋转方向标记与汽车前进行驶的车轮旋转方向一致，当装配定向花纹轮胎的车辆经常在硬基路面行驶时，可将前轮反向装配，以减少滚动阻力，节约燃料。

6. 轮胎应按标准内压充气。

7. 汽车在路况复杂的道路上行驶时应降低车速，起步、停车、上下坡、转弯、越过车辙与铁轨时更应特别降低车速。在拱形路面上行驶时，除会车外，应将汽车引到道路中央行驶，避免单边受力。

8. 根据试验资料，汽车前轮的轮胎磨损比后轮低 20%～30%，为延长轮胎的使用寿命，每行驶 6 000～8 000 km，应按照规定换位图进行换位，同时应对外胎、内胎、垫带等进行全面检查。

9. 更换胎位时，必须所有轮胎同时进行并注意不改变该轮胎的原滚动方向。

10. 汽车在严寒气候下长时间停歇后，轮胎的温度低于 –40 ～ –30 ℃时，再启动必须平稳，在最初的 20 ～ 30 min 内必须以 5 ～ 7 km/h 速度行驶，待轮胎变热后，再以普通速度行驶。

11. 应经常检查轮胎的外观，发现有裂口、刺洞等损伤时，应立即修补，以免伤口扩大。

知识总结

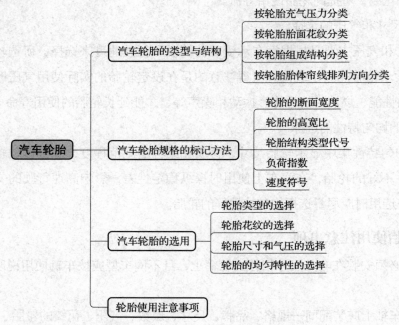

模块八
汽车维修基本知识

课题 ❶ 汽车维修常用工具及量具

✿ 学习目标

1. 认识汽车维修常用工具及量具。
2. 掌握汽车维修常用工具及量具的使用方法。
3. 了解汽车维修常用工具及量具的使用注意事项。

✖ 相关知识

汽车维修工作中，工具及量具的使用正确与否，对提高工作效率和汽车的修理质量有重要意义。因此，维修人员必须熟悉汽车修理常用工具及量具的使用方法及其维护与保养知识。

一、手工工具

1. 扳手

扳手是用于拧紧或旋松螺栓、螺母等螺纹紧固件的装卸用手工工具。汽车修理常用的扳手有呆扳手、梅花扳手、套筒扳手、活扳手和扭力扳手等。扳手最好的使用效果是施加垂直的、均匀的拉力，若必须推动时，也只能用手掌来推，并且手指要伸开，以防螺栓或螺母突然松动而碰伤手指。

（1）呆扳手

呆扳手（图8-1-1a）的两端带有固定尺寸的开口，其开口尺寸与螺栓、螺母的尺寸相适应，并根据标准尺寸做成一套。呆扳手的作用是紧固、拆卸一般标准规格的螺母和螺栓，可以直接插入或套入，使用较方便。呆扳手的开口方向与其中间柄部错开一个角度，以便在受限制的部位中方便扳动。

呆扳手的使用说明如下：

1）呆扳手的钳口以一定角度与手柄相连。通过翻转呆扳手，可在有限空间中进一步旋转，如图8-1-1b所示。

2）为防止相对的零件转动，需两个呆扳手配合使用，如图8-1-1c所示。例如，在拧松一根燃油管时，用两个呆扳手配合使用去拧松一个螺母。

3）不能在扳手手柄上接套管进行拆装操作，如图 8-1-1d 所示，这会造成超大扭矩，损坏螺栓、螺母或呆扳手。

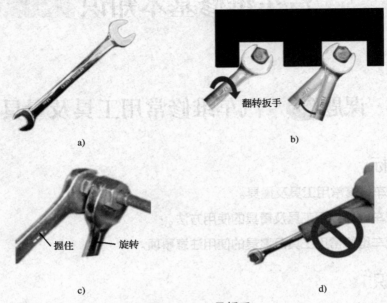

图 8-1-1　呆扳手

（2）梅花扳手

梅花扳手两端是套筒，有 12 个角，如图 8-1-2a 所示，能将螺栓或螺母套住，工作时不易滑脱。有些螺栓和螺母受周围条件的限制，适合使用梅花扳手。

梅花扳手的使用说明如下：

1）梅花扳手钳口是双六角形的，可以容易地装配螺栓或螺母，也可以在一个有限空间内使用，如图 8-1-2b 所示。

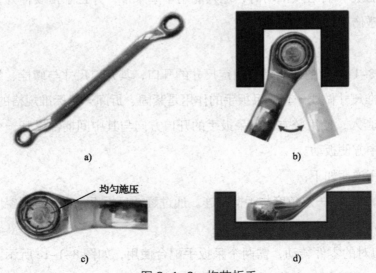

图 8-1-2　梅花扳手

2）螺栓或螺母的六角形表面被包住，如图 8-1-2c 所示，因此没有损坏螺栓或螺母棱角的危险，并可施加大扭矩。

3）梅花扳手的手柄是有角度的，可用于凹进空间里或在平面上旋转螺栓或螺母，如图 8-1-2d 所示。

（3）套筒扳手

套筒扳手是由多个带六角孔或十二角孔的套筒并配备手柄、接杆等多种附件组成，如图 8-1-3 所示，特别适用于拧转位于空间十分狭小或凹陷很深处的螺栓或螺母。拆装螺栓或螺母时，可根据需要选用不同的套筒、手柄和附件。

套筒扳手各部件的使用说明如下：

1）成套套筒（图 8-1-4）

①套筒尺寸：有多种尺寸，如图 8-1-4a 所示。大尺寸套筒可以获得比小尺寸套筒更大的扭矩。

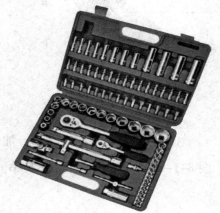

图 8-1-3 套筒扳手

②钳口：有双六角形和六角形两种类型，如图 8-1-4b 所示。六角部分与螺栓或螺母的表面有很大的接触面，这样不容易损坏螺栓或螺母的表面。

③套筒深度：有标准型和深型两种类型，如图 8-1-4c 所示。深型比标准型深 2～3 倍。较深的套筒可用于螺栓突出的螺母。

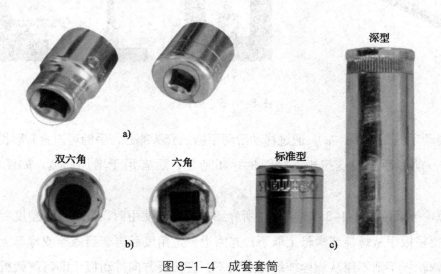

a)

双六角　　　六角　　　标准型　　　深型

b)　　　　　　　　　　c)

图 8-1-4 成套套筒

2）万向节（图 8-1-5a）。万向节可使被连接的零件之间的夹角在一定范围内变化。使用万向节后，手柄和套筒之间的角度可以在一定范围内变化，便于在有限空间内工作，如图 8-1-5b 所示。不要使手柄倾斜较大角度来施加扭矩，如图 8-1-5c 所示，易造成工具、零件或车辆损坏。

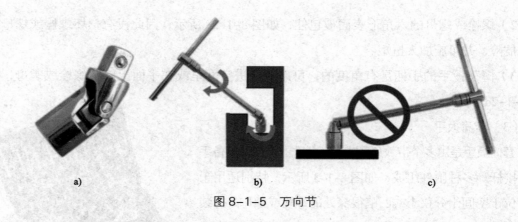

图 8-1-5　万向节

3）加长杆（图 8-1-6a）。加长杆用于拆装位置深而不易接触的螺栓或螺母，如图 8-1-6b 所示；也用于将工具抬离平面一定高度，以便于使用，如图 8-1-6c 所示。

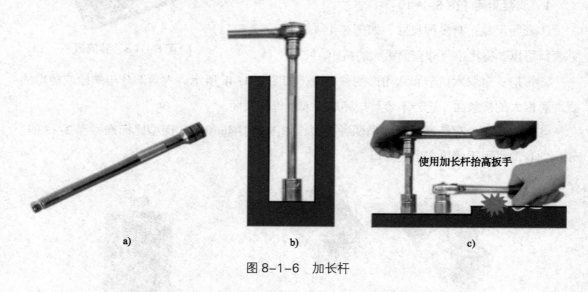

图 8-1-6　加长杆

4）滑动手柄（图 8-1-7a）。通过移动滑动手柄的套头部分，手柄可以有 L 形和 T 形两种使用用法，前者用于改变扭矩，如图 8-1-7b 所示；后者用于增加速度，如图 8-1-7c 所示。

5）棘轮扳手（图 8-1-8a）。前文中所介绍的扳手在使用时，拧过一定角度后由于空间原因，需要将扳手从螺栓或螺母上取下，并回退一定角度后再套到螺栓或螺母上才可以继续拆装。棘轮扳手则不用从螺栓或螺母上取下，直接反方向拧动扳手即可继续拆装，反方向拧动棘轮扳手时螺栓或螺母不转动，如图 8-1-8b 所示。左右拨动图 8-1-8c 中的装置 1 可以选择棘轮扳手是顺时针旋转时为空转，还是逆时针旋转时为空转；按下释放按钮方可取下与棘轮扳手相连接的加长杆或套筒。使用时不要施加过大扭矩，可能会损坏棘轮扳手，如图 8-1-8d 所示。

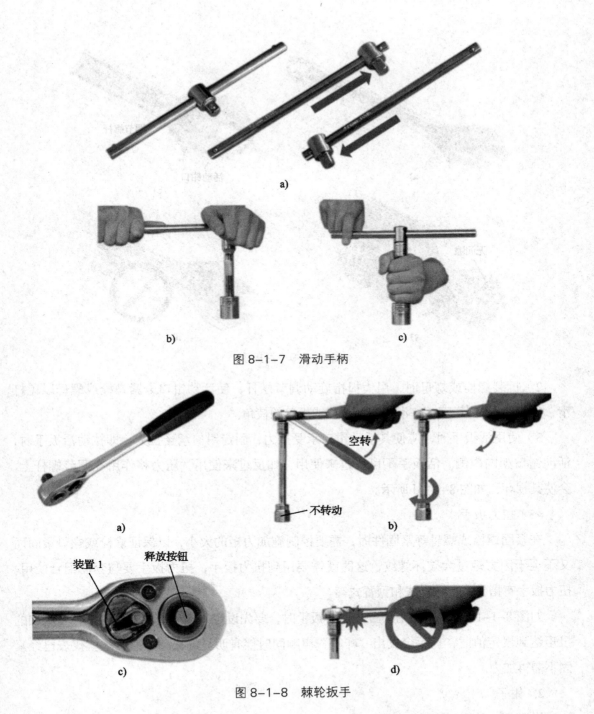

图 8-1-7 滑动手柄

图 8-1-8 棘轮扳手

（4）活扳手

活扳手适用于装拆尺寸不规则的螺栓或螺母（图 8-1-9a）。旋转调节螺杆可改变活动钳口口径，一把活扳手可代替多把呆扳手。

活扳手的使用说明如下：

1）通过转动调节螺杆，可以将活动钳口调节到合适尺寸，如图 8-1-9b 所示。

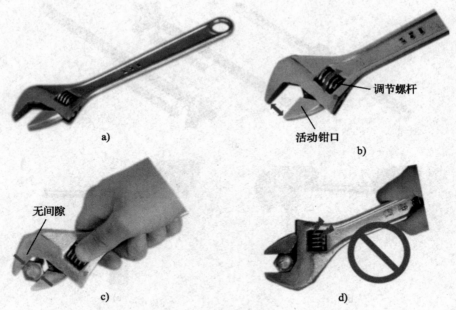

图 8-1-9　活扳手

2）拆装螺栓或螺母时，用大拇指旋动调节螺杆，使活动钳口卡紧螺栓或螺母以免打滑，如图 8-1-9c 所示，打滑会损坏螺栓或螺母的棱角。

3）使用活扳手时，应使其活动钳口承受推力，固定钳口承受拉力，即拉动活扳手时，活动钳口朝向内侧。活扳手不可反过来使用，如反过来使用，压力将作用在调节螺杆上，会使其损坏，如图 8-1-9d 所示。

（5）扭力扳手

在紧固螺栓或螺母等紧固件时，需要控制施加力矩的大小，以保证螺栓或螺母紧固而又不至于因力矩过大破坏螺纹，这时就需要用到扭力扳手，扭力扳手要与套筒配合使用。扭力扳手有指针式、数显式和预置式等。

如图 8-1-10 所示，使用预置式扭力扳手时，要先设定好一个需要的扭矩值，当施加的扭矩达到设定值时，扳手会发出"咔嗒"声响同时伴有明显的振动手感，这就代表已经紧固不需再加力。

2. 钳子

钳子是一种用于夹持、固定工件或者扭转、弯曲、剪断金属丝线的手工工具。钳子的外形呈 V 形，通常包括手柄、钳腮和钳嘴三个部分。钳嘴的常见形式有尖嘴、平嘴、扁嘴、圆嘴、弯嘴等，可用于不同形状工件的作业需要。汽车修理常用的钳子有锂鱼钳和尖

图 8-1-10　扭力扳手

嘴钳两种。

（1）鲤鱼钳（图8-1-11a）

用于夹持扁形或圆柱形零件，其特点是钳口的开口宽度有两挡调节位置，可以夹持尺寸较大的零件，刃口可用于切断金属丝。使用时，应擦净钳子上的油污，以免工作时打滑，夹牢零件后，再弯曲或扭切。

鲤鱼钳的使用说明如下：

1）通过改变支点上的孔的位置，可以调节钳口打开的程度，如图8-1-11b所示。夹持大零件时，将钳口放大。

2）刃口可用于切断金属丝，如图8-1-11c所示。

3）不要用鲤鱼钳拆装螺栓或螺母，如图8-1-11d所示，以免损坏螺栓或螺母的棱角。不允许用钳柄代替撬棒使用，以免造成钳柄弯曲、折断或损坏。

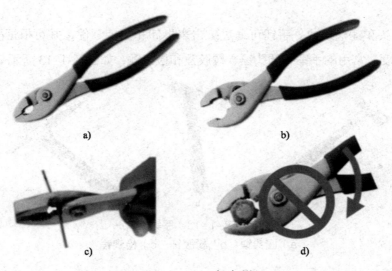

图8-1-11 鲤鱼钳

（2）尖嘴钳（图8-1-12a）

尖嘴钳能在较狭小的工作空间内操作，不带刃口的只能夹捏工件，带刃口的能剪切细小零件。

尖嘴钳的使用说明如下：

1）尖嘴钳是长而细的，适用于在狭小空间里使用，如图8-1-12b所示。

2）刃口可以切断导线或从电线上去掉绝缘层，如图8-1-12c所示。

3）切勿对尖嘴钳头部施加过大的压力，否则会造成钳口变形，如图8-1-12d所示，使其不能用于精密工作。

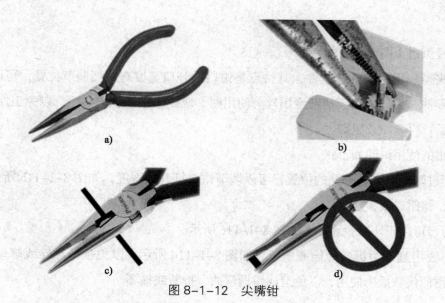

图 8-1-12　尖嘴钳

3. 手锤

手锤由锤头和锤柄组成。手锤可通过敲击来拆卸和更换零件，并可根据敲击声音来测试螺栓的松紧度。常用的手锤有圆头锤、橡胶锤和检查锤，如图 8-1-13 所示。

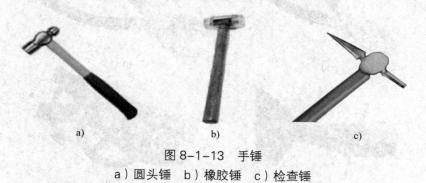

图 8-1-13　手锤
a）圆头锤　b）橡胶锤　c）检查锤

（1）圆头锤

圆头锤是冷加工时使用最广的一种手锤。它的一端呈圆球状，通常用来敲击铆钉，另一端为圆柱状，用于一般锤击。

（2）橡胶锤

橡胶锤有塑料头部，可以避免损坏零件。

（3）检查锤

检查锤是带有细长柄的小锤子，可根据敲击时的声音和振动来检测螺栓或螺母的松紧度。

（4）手锤的使用说明

1）使用前应先检查锤柄是否安装牢固，如有松动应重新安装，以防在使用时锤头脱出而发生事故；并应清洁锤头工作面上的油污，以免敲击时滑脱而发生意外。

2）使用时，应将手上和锤柄上的汗水和油污擦干净，以免锤子从手中滑脱。

3）使用锤子时，手要握住锤柄后端，握柄时要使用合适的力度。锤击时要靠手腕的运动，眼要注视工件，锤头工作面和工件锤击面应平行，这样才能保证锤面平整地敲击在工件上。

4. 旋具

旋具是一种用于拧紧或旋松各种尺寸的槽形机用螺钉、木螺钉以及自攻螺钉的手工工具，它的主体是韧性较好的钢制圆杆（旋杆），其一端装配有便于握持的手柄，另一端镦锻成扁平形或十字尖形的刀口，以与螺钉的槽口相啮合，施加扭力于手柄便可使螺钉转动。旋杆的刀口部分经过淬硬处理，耐磨性强。常见的旋具有 75 mm、100 mm、150 mm、300 mm 等长度规格，旋杆的直径和长度与刀口的厚薄和宽度成正比。手柄的材料为直纹木料、塑料或金属。旋具一般按旋杆顶端的刀口形状分为一字形、十字形、六角形和花形等，分别用于旋拧带有相应螺钉头的螺纹紧固件，其中一字形和十字形（图 8-1-14a）最为常用。

旋具的使用说明如下：

（1）选用的旋具刀口应与螺栓或螺钉上的槽口相吻合，如图 8-1-14b 所示，如刀口太薄易折断，刀口太厚则不能完全嵌入槽内，易使刀口或槽口损坏。

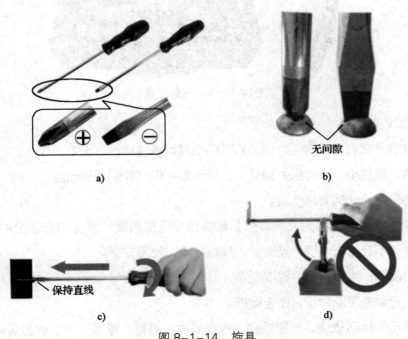

图 8-1-14　旋具

（2）正确的使用方法是以手握持旋具，手心抵住柄端，保持旋具与螺钉尾端成直线状态，如图8-1-14c所示。当开始拧松或最后拧紧时，应用力将旋具压紧后再用手腕力扭转旋具；当螺栓松动后，即可使手心轻压旋具柄，用拇指、中指和食指快速转动旋具。

（3）切勿用锂鱼钳或其他工具对旋具过度施加扭矩，如图8-1-14d所示，这可能会刮伤螺钉的凹槽或损坏旋具的刀口。使用时，不可用旋具当撬棒或錾子使用，这会造成旋具弯曲、断裂或刀口损伤。

二、气动工具

气动工具主要是利用压缩空气带动气动马达而对外输出动能工作的一种工具（图8-1-15），根据其基本工作方式可分为旋转式（偏心可动叶片式）和往复式（容积活塞式）。

图 8-1-15　气动工具

1. 气动工具的优点

（1）空气容易获取且工作压力低，用过的空气可就地排放，无需回收。

（2）气体的黏性小、流动阻力损失小，便于集中供气和远距离输送。

（3）气动执行元件运动速度高。

（4）气动系统对环境的适应能力强，能在温度范围很宽、潮湿和有灰尘的环境下可靠工作，稍有漏泄不会污染环境，无火灾、爆炸危险，使用安全。

（5）结构简单、维护方便、成本低廉。

（6）气动元件使用寿命长，便于维护。

（7）气动元件运动较快、适应性强，可在易燃、易爆、潮湿、冲击的恶劣环境中工作，不污染环境。

2. 使用注意事项

（1）使用气动工具之前，应先阅读操作说明，以确保使用安全。

（2）气动工具工作的最佳空气压力为 0.6 MPa，压力过低，工具的工作能力降低，压力过高，易导致事故或故障。

（3）使用前检查气动工具有无异常，气压是否正常，是否存在管子缠绕情况。

（4）当操作气动工具、维修工具或更换配件时，应佩戴可抵抗冲击的眼罩及面罩。

（5）不工作时要关掉空气源，并将工具和空气源的接头拔下。

（6）要与旋转中的旋转轴及配件保持距离，使用气动工具时不要穿戴首饰及肥大的衣服，束好长发、围巾、领带等易缠绕物。

（7）不要将出气口对准自己或他人。

3. 维修保养

（1）气动工具的供给气源须经过处理，以保证干净和干燥。

（2）应使用注油器来润滑气动工具，并将流量调整为每分钟 2 滴，若不使用注油器，则须每天从管接头处注入 3 ~ 4 滴润滑油。不要使用黏度很高的润滑油，否则会使气动工具转动不正常。

（3）不要抛掷或敲打工具。

三、专用工具

汽车维修时除了应用一些常用的普通工具外，还必须使用一些维修专用工具，如轴承的拆卸与安装、油封的安装、玻璃的更换、传动轴的检修、发动机的维修等，都要用到专用工具。不同的汽车制造厂家、不同的车型，专用工具也不尽相同，这就要求维修人员要按照汽车制造厂家提供的维修手册正确、合理地选用专用工具，以保证维修质量。

四、常用量具

1. 游标卡尺

游标卡尺是一种测量长度、内外径、深度的量具，它由主尺和游标尺两部分构成。主尺一般以毫米为单位，游标上有 10、20 或 50 个分格，根据分度值的不同，游标卡尺可分为十分度游标卡尺、二十分度游标卡尺、五十分度游标卡尺等，对应的分度值为 0.10 mm、0.05 mm、0.02 mm。

（1）游标卡尺的结构

如图 8-1-16 所示，游标卡尺的固定卡脚与主尺一体，活动卡脚、深度尺及制动螺钉在游标尺上。游标卡尺主尺下部的固定卡脚和游标尺下部的活动卡脚组成外测量爪，上部为内测量爪。利用外测量爪可以测量零件的厚度和管的外径，利用内测量爪可以测量槽的宽度和管的内径。深度尺在游标卡尺尾部随游标尺同步移动，可以测量槽和筒的深度。制动螺钉可以将游标尺锁定，使其在锁定状态时不能沿主尺移动。

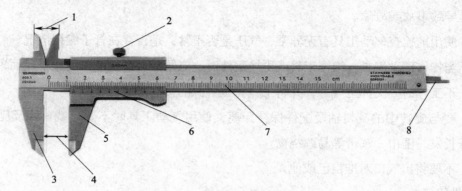

图 8-1-16　游标卡尺的结构
1—内测量爪　2—制动螺钉　3—固定卡脚　4—外测量爪
5—活动卡脚　6—游标尺　7—主尺　8—深度尺

（2）游标卡尺的使用

1）测量前，先将工件被测表面和卡脚接触表面擦干净。

2）测量时通过移动游标尺，使固定卡脚和活动卡脚（或深度尺）与工件接触，然后进行读数。

3）也可锁紧制动螺钉后取下游标卡尺进行读数。

游标卡尺的使用方法如图 8-1-17 所示，其中图 8-1-17a 为测量外径的方法；图 8-1-17b 为测量内径的方法；图 8-1-17c 为测量台阶的方法；图 8-1-17d 为测量深度的方法。

（3）读数方法

1）根据游标尺零刻线以左的主尺上的最近刻度读出整毫米数，如图 8-1-18 所示 k。

2）根据游标卡尺分度值乘上游标尺零刻线以右与主尺上的刻度对准的刻线的格数，如图 8-1-18 所示 n 读出小数。

3）将上面主尺上的整毫米数和游标尺上的小数值两部分加起来，即为被测工件的尺寸，如图 8-1-18 所示 S。即 $S=k+$ 游标卡尺分度值 $\times n$。

（4）示例

1）图 8-1-18 所示游标尺零刻线以左的主尺上的最近刻度为 14 mm，即整数 $k=$ 14 mm。

2）游标尺有 50 个分格，即该尺为五十分度游标卡尺，分度值应为 0.02 mm；图 8-1-18 所示游标尺零刻线以右第 7 条刻线与主尺上的刻度对准，即 $n=7$，那么小数 $=0.02$ mm $\times 7=$ 0.14 mm。

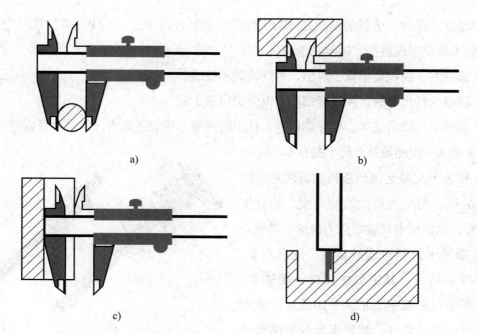

图 8-1-17　游标卡尺的使用

a）外径测量　b）内径测量　c）台阶测量　d）深度测量

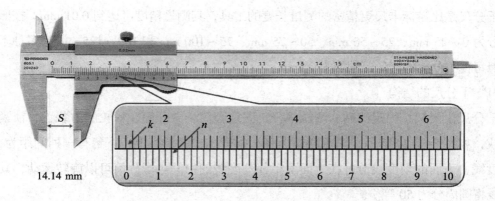

图 8-1-18　游标卡尺读数方法

3）被测工件尺寸 $S=k+$ 游标卡尺分度值 $\times n=14$ mm$+0.02$ mm$\times 7=14.14$ mm。

游标卡尺的读数方法如下：

$$\text{分度值 } 0.1 \text{ mm 游标卡尺：} S=k+0.1\times n$$

$$\text{分度值 } 0.05 \text{ mm 游标卡尺：} S=k+0.05\times n$$

$$\text{分度值 } 0.02 \text{ mm 游标卡尺：} S=k+0.02\times n$$

（5）使用注意事项

1）使用前，应先擦净两卡脚测量面，合拢两卡脚，检查游标尺"0"线与主尺"0"线是否对齐，若未对齐，应根据原始误差修正测量读数。

2）测量工件时，卡脚测量面必须与工件的表面平行或垂直，不得歪斜，且用力不能过大，以免卡脚变形或磨损，影响测量精度。

3）读数时，视线要垂直于尺面，否则读数不准确。

4）测量内径尺寸时，应轻轻摆动，以便找出最大值。

5）游标卡尺使用完毕，要仔细擦净，抹上防护油，平放在盒内，以防生锈或弯曲。

（6）带表卡尺和数显卡尺（图8-1-19）

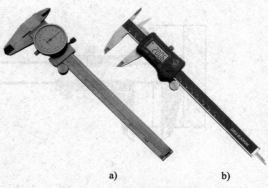

1）带表卡尺是运用齿条传动齿轮带动指针显示数值，主尺上有大致的刻度，结合指示表读数，比游标卡尺读数更为快捷、准确。

2）数显卡尺具有读数直观、使用方便、功能多样的特点，其主要由尺体、传感器、控制运算部分和数字显示部分组成。按照传感器的不同形式划分，数显卡尺分为磁栅式数显卡尺和容栅式数显卡尺。

图8-1-19　带表卡尺和数显卡尺
a）带表卡尺　b）数显卡尺

2. 千分尺

千分尺是比游标卡尺更精密的测量长度的工具，其测量精度可达到0.01 mm。按照量程可以分为0~25 mm、25~50 mm、50~75 mm、75~100 mm和100~125 mm等多种不同规格，但每种千分尺的测量范围均为25 mm。

（1）千分尺的结构

千分尺由尺架、固定测砧、测微螺杆、固定套筒、微分筒、棘轮测力装置、锁紧装置等组成，如图8-1-20所示。固定套筒上有一条横线，这条线上、下各有一列间距为1 mm的刻度线，下面的刻度线恰好在上面两相邻刻度线的中间。微分筒可以旋转运动，其上的刻度线将圆周分为50等份。

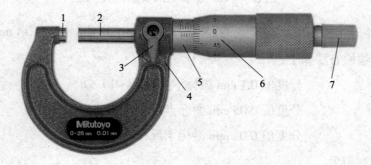

图8-1-20　千分尺的结构
1—固定测砧　2—测微螺杆　3—锁紧装置　4—尺架　5—固定套筒
6—微分筒　7—棘轮测力装置

（2）千分尺误差检查

1）将千分尺固定测砧端表面擦拭干净，旋转棘轮测力装置使两个测砧靠拢，如图8-1-21中a处所示。

2）继续旋转棘轮测力装置，如图8-1-21中b处所示，直到棘轮发出2~3声"咔咔"声，然后检视指示值。微分筒前端应与固定套筒

千分尺误差检查

图 8-1-21 千分尺误差检查

的"0"线对齐，如图8-1-21中c处所示。微分筒的"0"线应与固定套筒的横线对齐，如图8-1-21中d处所示。

3）若两者中有一个"0"线不能对齐，则该千分尺有误差，应校准后才能用于测量。

（3）使用方法

1）将工件被测表面擦拭干净，并置于千分尺两测砧之间，使千分尺测微螺杆轴线与工件中心线垂直或平行，如图8-1-22所示a处。若歪斜测量，则直接影响测量的准确性。

2）旋转微分筒，如图8-1-22所示b处，直到测微螺杆轻轻接触工件。

3）当测微螺杆轻触到工件时，应改为旋转棘轮测力装置，如图8-1-22所示c处，直到发出"咔咔"声响为止，这时的指示数值即为所测工件的尺寸。

4）锁紧锁紧装置，如图8-1-22所示d处，防止移动千分尺时测轴转动，即可读数。

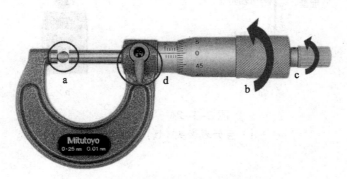

图 8-1-22 使用方法

（4）读数方法（图8-1-23）

1）从固定套筒上露出的刻线读出工件的毫米整数和半毫米整数。

2）从微分筒上由固定套筒横线所对准的刻线读出工件的小数部分（百分之几毫米）。不足一格数（千分之几毫米）可用估算读法确定。

3）将两次读数相加就是工件的测量尺寸。

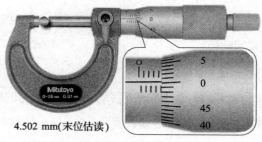

4.502 mm（末位估读）

图 8-1-23 千分尺读数方法

（5）使用注意事项

1）测量时，在测微螺杆快靠近被测物体时应改为旋转棘轮测力装置，避免产生过大的压力，既可使测量结果精确，又能保护千分尺。

2）在读数时，要注意固定套筒上表示半毫米的刻线是否已经露出。

3）读数时，千分位有一位估读数字，不能省略，即使固定刻度的横线正好与可动刻度的某一刻度线对齐，千分位上也应读取为"0"。

3．百分表

百分表（图 8-1-24）是一种精度较高的量具，测量精度为 0.01 mm，它只能测出相对数值，不能测出绝对值，主要用于检测工件的形状和位置误差（如圆度、平面度、垂直度、圆跳动等）。

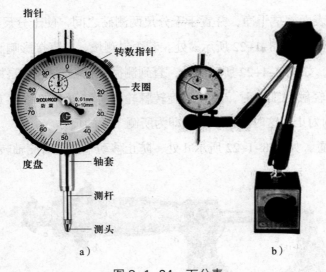

图 8-1-24 百分表
a）百分表表头 b）磁性表架

（1）使用方法

1）先将百分表固定在磁性表架上，用测头抵住被测工件表面，并使测头产生一定的位移（即指针存在一个预偏转值）。

2）转动（或移动）被测工件，读出指针的偏转量，该偏转量即为被测工件的偏差尺寸或间隙值。

（2）读数方法

当测杆向上或向下移动 1 mm 时，通过齿轮传动系统带动指针转一圈，同时转数指针转一格。指针每转一格读数值为 0.01 mm，转数指针每转一格读数为 1 mm。转数指针处的刻度范围为百分表的测量范围。测量时，指针的偏转量就是被测工件的实际偏差尺寸或间隙值。

（3）使用注意事项

1）使用前，应检查测杆活动的灵活性，轻轻推动测杆时，测杆在轴套内的移动要灵活，无卡滞，且每次放松后，指针能回到原来的刻度位置。

2）用百分表测量零件时，测杆轴线必须垂直于被测量表面，否则将使测杆活动不灵活或测量结果不准确。

4. 内径百分表

内径百分表如图 8-1-25 所示，主要用来测量孔的内径，如气缸直径、轴承孔直径等。

（1）使用方法

1）按被测气缸的标准尺寸选择合适的接杆，装上后，暂不拧紧固定螺母。

2）把千分尺调到被测气缸的标准尺寸，将装好的内径百分表放入千分尺，稍微旋动接杆，使内径百分表指针转动约 2 mm，拧紧接杆的固定螺母。旋转内径百分表表盘使指针对准零位后即可进行测量。

图 8-1-25　内径百分表

3）测量时，拿住内径百分表隔热套，使接杆和测头平行于曲轴轴线方向或垂直于曲轴轴线方向，沿气缸轴线方向上、中、下取三个位置进行测量。上面一个位置一般定在活塞位于上止点时，即第一道活塞环所处气缸壁处，约距气缸上端 15 mm；下面一个位置一般取在气缸套下端以上 10 mm 左右处，该部位磨损最小。

4）测量时，前后（左右）摆动内径百分表，当指针指示到最小数字时，表示接杆和测头已垂直于气缸轴线，此时测量结果才准确。

（2）读数方法

1）百分表表盘刻度为 100，大指针在圆表盘上转动一格为 0.01 mm，转动一圈为 1 mm；小指针移动一格为 1 mm。

2）测量时，若指针顺时针方向离开"0"位，表示所测缸径小于标准尺寸的缸径，所测缸径的尺寸是标准缸径与指针离开"0"位格数的差；若指针逆时针方向离开"0"位，表示所测缸径大于标准尺寸的缸径，所测缸径的尺寸是标准缸径与指针离开"0"位格数之和。

3）若测量时，小指针移动超过 1 mm，则应在实际测量值中加上或减去 1 mm。

5. 塞尺

塞尺（图 8-1-26）由多片不同厚度差的薄钢片组成，每片的表面刻有表示其厚度的数字。塞尺用于测量间隙尺寸。在检验被测尺寸是否合格时，可以用通止法判断，也可由检验者根据塞尺与被测表面配合的松紧程度来判断。塞尺一般用不锈钢制造，最薄的为 0.02 mm，最厚的为 3 mm。0.02 ~ 0.1 mm，各钢片厚度级差为 0.01 mm；0.1 ~ 1 mm，各钢片的厚度级差一般为 0.05 mm；1 mm 以上，各钢片的厚度级差为 1 mm。

在汽车维修中，塞尺常用来测量零件之间的配合间隙，如测量气门或活塞环槽等的间隙。

使用前必须先清除塞尺和工件上的污垢与灰尘。使用时可用一片或数片重叠插入间隙，以稍感拖滞为宜。测量时动作要轻，不允许硬插，也不允许测量温度较高的零件。

图 8-1-26　塞尺

⚡ 知识总结

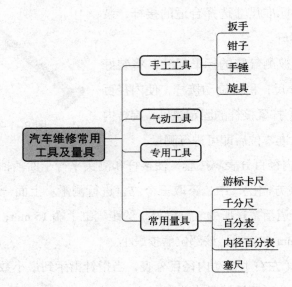

课题二　汽车维修基本知识

⚙ 学习目标

1. 了解汽车维护和汽车修理的分类。
2. 掌握各级汽车维护的作业内容。
3. 掌握汽车二级维护竣工要求。
4. 掌握车辆和总成大修的送修标志。

🔧 相关知识

一、汽车维护

车辆维护应贯彻以预防为主、强制维护的原则，保持车容整洁，及时发现和消除故障、隐患，防止车辆早期损坏。根据国家标准《汽车维护、检测、诊断技术规范》（GB/T 18344—2016），汽车维护分为日常维护、一级维护和二级维护。

1. 日常维护

以清洁、补给和安全性能检视为中心内容的维护作业。

（1）对汽车外观、发动机外表等进行清洁，保持车容整洁。

（2）对汽车各部润滑油（脂）、燃油、冷却液、制动液、轮胎气压等进行检视补给。

（3）对汽车制动、转向、传动、悬挂、灯光、信号等安全部位和位置以及发动机运转状态进行检视、校紧，确保行车安全。

2. 一级维护

除日常维护作业外，以润滑、紧固为作业中心内容，并检查有关制动、操纵等系统中的安全部件的维护作业。

一级维护基本作业项目及技术要求见表 8-2-1。

表 8-2-1 一级维护基本作业项目及技术要求

序号	作业项目		作业内容	技术要求
1	发动机	空气滤清器、机油滤清器和燃油滤清器	清洁或更换	按规定的里程或时间清洁或更换滤清器。滤清器应清洁，衬垫无残缺，滤芯无破损。滤清器安装牢固，密封良好
2		发动机润滑油及冷却液	检查油（液）面高度，视情更换	按规定的里程或时间更换润滑油、冷却液，油（液）面高度符合规定
3	转向系	部件连接	检查、校紧万向节、横直拉杆、球头销和转向节等部位连接螺栓、螺母	各部件连接可靠
4		转向器润滑油及转向助力油	检查油面高度，视情更换	按规定的里程或时间更换转向器润滑油及转向助力油，油面高度符合规定
5	制动系	制动管路、制动阀及接头	检查制动管路、制动阀及接头，校紧接头	制动管路、制动阀固定可靠，接头紧固，无漏气（油）现象
6		缓速器	检查、校紧缓速器连接螺栓、螺母，检查定子与转子间隙，清洁缓速器	缓速器连接紧固，定子与转子间隙符合规定，缓速器外表、定子与转子间清洁，各插接件与接头连接可靠

序号		作业项目	作业内容	技术要求
7	制动系	储气筒	检查储气筒	无积水及油污
8		制动液	检查液面高度，视情更换	按规定的里程或时间更换制动液，液面高度符合规定
9	传动系	各连接部位	检查、校紧变速器、传动轴、驱动桥壳、传动轴支撑等部位连接螺栓、螺母	各部位连接可靠，密封良好
10		变速器、主减速器和差速器	清洁通气孔	通气孔通畅
11	车轮	车轮及半轴的螺栓、螺母	校紧车轮及半轴的螺栓、螺母	扭紧力矩符合规定
12		轮辋及压条挡圈	检查轮辋及压条挡圈	轮辋及压条挡圈无裂损及变形
13	其他	蓄电池	检查蓄电池	液面高度符合规定，通气孔畅通，电桩、夹头清洁，牢固，免维护蓄电池电量状况指示正常
14		防护装置	检查侧防护装置及后防护装置，校紧螺栓、螺母	完好有效，安装牢固
15		全车润滑	检查、润滑各润滑点	润滑嘴齐全有效，润滑良好。各润滑点防尘罩齐全完好。集中润滑装置工作正常，密封良好
16		整车密封	检查泄漏情况	全车不漏油、不漏液、不漏气

3. 二级维护

除一级维护作业外，以检查、调整制动系、转向操纵系、悬架等安全部件，并拆检轮胎，进行轮胎换位，检查调整发动机工作状况和汽车排放相关系统等为主的维护作业。

（1）二级维护作业流程

汽车二级维护前应进行进厂检测，依据进厂检测结果进行故障诊断并确定附加作业项目。二级维护作业过程中发现的维修项目也应作为附加作业项目。二级维护过程中应始终贯穿过程检验，并记录二级维护作业过程或检验结果，维护项目的技术要求应符合技术标准和车辆维修资料等相关技术文件规定。二级维护作业完成后应进行竣工检验，竣工检验合格的车辆，由维护企业签发维护竣工出厂合格证。二级维护作业流程图如图 8-2-1 所示。

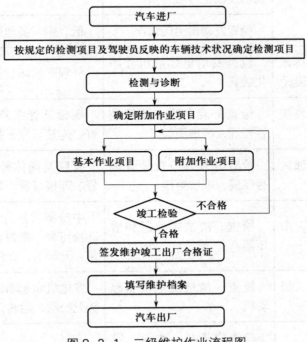

图 8-2-1 二级维护作业流程图

（2）二级维护进厂检测

二级维护进厂检测包括规定的检测项目以及根据驾驶员反映的车辆技术状况确定的检测项目，二级维护规定的进厂检测项目见表 8-2-2。

表 8-2-2 二级维护规定的进厂检测项目

序号	检测项目	检测内容	技术要求
1	故障诊断	车载诊断系统（OBD）的故障信息	装有车载诊断系统（OBD）的车辆，不应有故障信息
2	行车制动性能	检查行车制动性能	采用台架检验或路试检验，应符合 GB 7258 相关规定
3	排放	排气污染物	汽油车采用双怠速法，应符合 GB 18285 相关规定。柴油车采用自由加速法，应符合 GB 3847 相关规定

（3）二级维护基本作业项目

二级维护基本作业项目及技术要求见表 8-2-3。

表 8-2-3　二级维护基本作业项目及技术要求

序号	作业项目		作业内容	技术要求
1	发动机	发动机工作状况	检查发动机启动性能和柴油发动机停机装置	启动性能良好，停机装置功能有效
			检查发动机运转情况	低、中、高速运转稳定，无异响
2		发动机排放机外净化装置	检查发动机排放机外净化装置	外观无损坏、安装牢固
3		燃油蒸发控制装置	检查外观，检查装置是否畅通，视情更换	碳罐及管路外观无损坏、密封良好、连接可靠，装置畅通无堵塞
4		曲轴箱通风装置	检查外观，检查装置是否畅通，视情更换	管路及阀体外观无损坏、密封良好、连接可靠，装置畅通无堵塞
5		增压器、中冷器	检查、清洁中冷器和增压器	中冷器散热片清洁，管路无老化，连接可靠，密封良好。增压器运转正常，无异响，无渗漏
6		发电机、起动机	检查、清洁发电机和起动机	发电机和起动机外表清洁，导线接头无松动，运转无异响，工作正常
7		发动机传动带（链）	检查空压机、水泵、发电机、空调机组和正时传动带（链）磨损及老化程度，视情调整传动带（链）松紧度	按规定里程或时间更换传动带（链）。传动带（链）无裂痕和过量磨损，表面无油污，松紧度符合规定
8		冷却装置	检查散热器、水箱及管路密封	散热器、水箱及管路固定可靠，无变形、堵塞、破损及渗漏。箱盖接合表面良好，胶垫不老化
			检查水泵和节温器工作状况	水泵不漏水、无异响，节温器工作正常
9		火花塞、高压线	检查火花塞间隙、积炭和烧蚀情况，按规定里程或时间更换火花塞	无积炭，无严重烧蚀现象，电极间隙符合规定
			检查高压线外观及连接情况，按规定里程或时间更换高压线	高压线外观无破损、连接可靠

序号	作业项目		作业内容	技术要求
10	发动机	进排气歧管、消声器、排气管	检查进排气歧管、消声器、排气管	外观无破损，无裂痕，消声器功能良好
11		发动机总成	清洁发动机外部，检查隔热层	无油污、无灰尘，隔热层密封良好
			检查、校紧连接螺栓、螺母	油底壳、发动机支撑、水泵、空压机、涡轮增压器、进排气歧管、消声器、排气管、输油泵和喷油泵等部位连接可靠
12	制动系	储气筒、干燥器	检查、紧固储气筒，检查干燥器功能，按规定里程或时间更换干燥剂	储气筒安装牢固，密封良好。干燥器功能正常，排水阀通畅
13		制动踏板	检查、调整制动踏板自由行程	制动踏板自由行程符合规定
14		驻车制动	检查驻车制动性能，调整操纵机构	功能正常，操纵机构齐全完好、灵活有效
15		防抱死制动装置	检查连接线路，清洁轮速传感器	各连接线及插接件无松动，轮速传感器清洁
16		鼓式制动器	检查制动间隙调整装置	功能正常
			拆卸制动鼓、轮毂、制动蹄，清洁轴承位、轴承、支撑销和制动底板等零件	清洁，无油污，轮毂通气孔畅通
			检查制动底板、制动凸轮轴	制动底板安装牢固、无变形、无裂损。凸轮轴转动灵活，无卡滞和松旷现象
			检查轮毂内外轴承	滚柱保持架无断裂，滚柱无缺损、脱落，轴承内外圈无裂损和烧蚀
			检查制动摩擦片、制动蹄及支撑销	摩擦片表面无油污、裂损，厚度符合规定。制动蹄无裂纹及明显变形，铆接可靠，铆钉沉入深度符合规定。支撑销无过量摩损，与制动蹄轴承孔衬套配合无明显松旷

序号	作业项目		作业内容	技术要求
16	制 动 系	鼓式制动器	检查制动蹄复位弹簧	复位弹簧不得有扭曲、钩环损坏、弹性损失和自由长度改变等现象
			检查轮毂、制动鼓	轮毂无裂损，制动鼓无裂痕、沟槽、油污及明显变形
			装复制动鼓、轮毂、制动蹄，调整轴承松紧度、调整制动间隙	润滑轴承，轴承位涂抹润滑脂后再装轴承。装复制动蹄时，轴承孔均应涂抹润滑脂，开口销或卡簧固定可靠。制动摩擦片与制动鼓摩擦面应清洁，无油污。制动摩擦片与制动鼓配合间隙符合规定。轮毂转动灵活且无轴向间隙。锁紧螺母、半轴螺母及车轮螺母齐全，扭紧力矩符合规定
17		盘式制动器	检查制动摩擦片和制动盘磨损量	制动摩擦片和制动盘磨损量应在标记规定或制造商要求的范围内，其摩擦工作面不得有油污、裂纹、失圆和沟槽等损伤
			检查制动摩擦片与制动盘间的间隙	制动摩擦片与制动盘之间的转动间隙符合规定
			检查密封件	密封件无裂纹或损坏
			检查制动钳	制动钳安装牢固、无油液泄漏。制动钳导向销无裂纹或损坏
18	转 向 系	转向器和转向传动机构	检查转向器和转向传动机构	转向轻便、灵活，转向无卡滞现象，锁止、限位功能正常
			检查部件技术状况	转向节臂、转向器摇臂及横直拉杆无变形、裂纹和拼焊现象，球销无裂纹、不松旷，转向器无裂损、无漏油现象
19		转向盘最大自由转动量	检查、调整转向盘最大自由转动量	最高设计车速不小于 100 km/h 的车辆，其转向盘的最大自由转动量不大于 15°，其他车辆不大于 25°

序号	作业项目	作业内容	技术要求
20	行驶系 车轮及轮胎	检查轮胎规格型号	轮胎规格型号符合规定，同轴轮胎的规格和花纹应相同，公路客车（客运班车）、旅游客车、校车和危险货物运输车的所有车轮及其他车辆的转向轮不得装用翻新的轮胎
		检查轮胎外观	轮胎的胎冠、胎壁不得有长度超过25 mm或深度足以暴露出帘布层的破裂和割伤以及凸起、异物刺入等影响使用的缺陷。具有磨损标志的轮胎，胎冠的磨损不得触及磨损标志；无磨损标志或标志不清的轮胎，乘用车和挂车胎冠花纹深度应不小于1.6 mm；其他车辆的转向轮的胎冠花纹深度应不小于3.2 mm，其余轮胎胎冠花纹深度应不小于1.6 mm
		轮胎换位	根据轮胎磨损情况或相关规定，视情进行轮胎换位
		检查、调整车轮前束	车轮前束值符合规定
21	悬架	检查悬架弹性元件，校紧连接螺栓、螺母	空气弹簧无泄漏、外观无损伤。钢板弹簧无断片、缺片、移位和变形，各部件连接可靠，U形螺栓、螺母扭紧力矩符合规定
		减振器	减振器稳固有效，无漏油现象，橡胶垫无松动、变形及分层
22	车桥	检查车桥、车桥与悬架之间的拉杆和导杆	车桥无变形、表面无裂痕、油脂无泄漏，车桥与悬架之间的拉杆和导杆无松旷、移位和变形
23	传动系 离合器	检查离合器工作状况	离合器接合平稳，分离彻底，操作轻便，无异响、打滑、抖动及沉重等现象
		检查、调整离合器踏板自由行程	离合器踏板自由行程符合规定

序号	作业项目		作业内容	技术要求
24	传动系	变速器、主减速器、差速器	检查、调整变速器	变速器操纵轻便、挡位准确，无异响、打滑及乱挡等异常现象，主减速器、差速器工作无异响
			检查变速器、主减速器、差速器润滑油液面高度，视情更换	按规定的里程或时间更换润滑油，液面高度符合规定
25		传动轴	检查防尘罩	防尘罩无裂痕、损坏，卡箍连接可靠，支架无松动
			检查传动轴及万向节	传动轴无弯曲，运转无异响。传动轴及万向节无裂损、不松旷
			检查传动轴承及支架	轴承无松旷，支架无缺损和变形
26	灯光导线	前照灯	检查远光灯发光强度，检查、调整前照灯光束照射位置	符合 GB 7258 规定
27		线束及导线	检查发动机舱及其他可视的线束及导线	插接件无松动、接触良好。导线布置整齐、固定牢靠，绝缘层无老化、破损，导线无外露。导线与蓄电池桩头连接牢固，并有绝缘套
28	车架车身	车架和车身	检查车架和车身	车架和车身无变形、断裂及开焊现象，连接可靠，车身周正。发动机罩锁扣锁紧有效。车厢铰链完好，锁扣锁紧可靠，固定集装箱箱体、货物的锁止机构工作正常
			检查车门、车窗启闭和锁止	车门和车窗应启闭正常，锁止可靠。客车动力启闭车门的车内应急开关及安全顶窗机件齐全、完好有效
29		支撑装置	检查、润滑支撑装置，校紧连接螺栓、螺母	完好有效，润滑良好，安装牢固

序号	作业项目		作业内容	技术要求
30	车架车身	牵引车与挂车连接装置	检查牵引销及其连接装置	牵引销安装牢固，无损伤、裂纹等缺陷，牵引销颈部磨损量符合规定
			检查、润滑牵引座及牵引销锁止、释放机构，校紧连接螺栓、螺母	牵引座表面油脂均匀，安装牢固，牵引销锁止、释放机构工作可靠
			检查转盘与转盘架	转盘与转盘架贴合面无松旷、偏歪。转盘与牵引连接部件连接牢靠，转盘连接螺栓应紧固，定位销无松旷、无磨损，转盘润滑
			检查牵引钩	牵引钩无裂纹及损伤，锁止、释放机构工作可靠

（4）二级维护竣工检验

汽车二级维护后，必须进行竣工检验，且各项目参数均应符合国家或行业及地方标准。竣工检验合格的车辆填写维护竣工进厂合格证后方可出厂。检验不合格的车辆应进行进一步的检验、诊断和维护，直到达到维护竣工技术要求为止。二级维护竣工检验项目及技术要求见表8-2-4。

表8-2-4 二级维护竣工检验项目及技术要求

序号	检验部位	检验项目	技术要求	检验方法
1	整车	清洁	全车外部、车厢内部及各总成外部清洁	检视
2		紧固	各总成外部螺栓、螺母紧固，锁销齐全有效	检查
3		润滑	全车各个润滑部位的润滑装置齐全，润滑良好	检视
4		密封	全车密封良好，无漏油、无漏液和无漏气现象	检视
5		故障诊断	装有车载诊断系统（OBD）的车辆，无故障信息	检测
6		附属设施	后视镜、灭火器、客车安全锤、安全带、刮水器等齐全完好、功能正常	检视

序号	检验部位	检验项目	技术要求	检验方法
7	发动机及其附件	发动机工作状况	在正常工作温度状态下，发动机启动三次，成功启动次数不少于两次，柴油机三次停机均应有效，发动机低、中、高速运转稳定、无异响	路试或检视
8		发动机装备	齐全有效	检视
9	制动系	行车制动性能	符合 GB 7258 规定，道路运输车辆符合 GB 18565 规定	路试或检测
10		驻车制动性能	符合 GB 7258 规定	路试或检测
11	转向系	转向机构	转向机构各部件连接可靠，锁止、限位功能正常，转向时无运动干涉，转向轻便、灵活，转向无卡滞现象 转向节臂、转向器摇臂及横直拉杆无变形、裂纹和拼焊现象，球销无裂纹、不松旷，转向器无裂损、无漏油现象	检视
12		转向盘最大自由转动量	最高设计车速不小于 100 km/h 的车辆，其转向盘的最大自由转动量不大于 15°，其他车辆不大于 25°	检测
13	行驶系	轮胎	同轴轮胎应为相同的规格和花纹，公路客车（客运班车）、旅游客车、校车和危险品运输车的所有车轮及其他机动车的转向轮不得装用翻新的轮胎，轮胎花纹深度及气压符合规定，轮胎的胎冠、胎壁不得有长度超过 25 mm 或深度足以暴露出帘布层的破裂和割伤以及凸起、异物刺入等影响使用的缺陷	检查、检测
14		转向轮横向侧滑量	符合 GB 7258 规定，道路运输车辆符合 GB 18565 规定	检测
15		悬架	空气弹簧无泄漏、外观无损伤。钢板弹簧无断片、缺片、移位和变形，各部件连接可靠，U 形螺栓、螺母扭紧力矩符合规定	检查
16		减振器	减振器稳固有效，无漏油现象，橡胶垫无松动、变形及分层	检查
17		车桥	无变形、表面无裂痕，密封良好	检视

续表

序号	检验部位	检验项目	技术要求	检验方法
18	传动系	离合器	离合器接合平稳，分离彻底，操作轻便，无异响、打滑、抖动和沉重等现象	路试
19		变速器、传动轴、主减速器	变速器操纵轻便、挡位准确，无异响、打滑及乱挡等异常现象，传动轴、主减速器工作无异响	路试
20	牵引连接装置	牵引连接装置和锁止机构	汽车与挂车牵引连接装置连接可靠，锁止、释放机构工作可靠	检查
21	照明、信号指示装置和仪表	前照灯	完好有效，工作正常，性能符合 GB 7258 规定	检视、检测
22		信号指示装置	转向灯、制动灯、示廓灯、危险报警灯、雾灯、喇叭、标志灯及反射器等信号指示装置完好有效	检视
23		仪表	各类仪表工作正常	检视
24	排放	排气污染物	汽油车采用双怠速法，应符合 GB 18285 规定。柴油车采用自由加速法，应符合 GB 3847 规定	检测

二、汽车修理

汽车修理应贯彻视情修理的原则，即根据车辆检测诊断和技术鉴定的结果，视情况按不同作业范围和深度进行，既要防止拖延修理造成车况恶化，又要防止提前修理造成浪费。

1. 汽车修理分类

汽车修理按作业范围可分为汽车大修、总成大修、车辆小修和零件修理四类。

（1）汽车大修

汽车大修是新车或经过大修后的车辆，在行驶一定里程（或时间）后，经过检测诊断和技术鉴定，用修理或更换车辆任何零部件的方法，恢复车辆的完好技术状况，完全或接近完全恢复车辆使用寿命的恢复性修理。

汽车大修的目的是恢复车辆的动力性、经济性、可靠性和原有装备，使车辆的技术状况和使用性能达到规定的技术条件。

汽车大修应遵照修理在前，更换在后的原则，以保证其经济性。

（2）总成大修

总成大修是车辆的总成经过一定使用里程（或时间）后，用修理或更换总成任何零部件（包括基础件）的方法，恢复其完好技术状况的恢复性修理。

总成的基础件变形与磨损，必须通过整形修理工艺恢复其精度，以保证总成的装配质量。

（3）车辆小修

车辆小修是指用修理或更换个别零件的方法，保证或恢复车辆工作能力的运行性修理，主要是消除车辆在运行过程或维护作业过程中发生临时性故障、隐患及局部损伤。

（4）零件修理

零件修理是指对因磨损、变形、损伤等而不能继续使用的零件进行修理。

零件修理要考虑经济上合理和技术上可靠的原则。零件修理是修旧利废、节约原材料、降低维修费用的重要措施。

2. 车辆和总成大修的送修标志

（1）汽车大修送修标志

客车以车厢为主，结合发动机总成；货车以发动机总成为主，结合车架总成和（或）其他两个总成符合大修条件的。

（2）挂车大修送修标志

1）挂车车架（包括转盘）和货箱符合大修条件。

2）半挂车和铰接式大客车，按照汽车大修的标志与牵引车同时进厂大修。

（3）总成大修送修标志

1）发动机总成：气缸磨损，圆柱度达到 0.175～0.250 mm 或圆度已达到 0.050～0.063 mm（以其中磨损量最大的一个气缸为准）；最大功率或气缸压力标准降低 25% 以上；燃料和润滑油消耗量明显增加。

2）车架总成：车架断裂、锈蚀、弯曲、扭曲变形严重，大部分铆钉松动或铆钉孔磨损，必须拆卸其他总成后才能进行校正、修理或重铆。

3）变速器、分动器总成：壳体变形、破裂，轴承孔磨损严重，变速齿轮及轴恶性磨损、损坏，需要彻底修复。

4）后桥（驱动桥、中桥）总成：桥壳破裂、变形，减速器齿轮恶性磨损，需要校正或彻底修复。

5）前桥总成：前轴裂纹、变形，主销承孔磨损严重，需要校正或修复。

6）客车车身总成：车厢骨架断裂、锈蚀、变形严重，需要彻底修复。

7）货车车身总成：驾驶室锈蚀、变形严重，或货厢纵、横梁腐蚀严重，底板、栏板破损面积较大，需要彻底修复。

知识总结

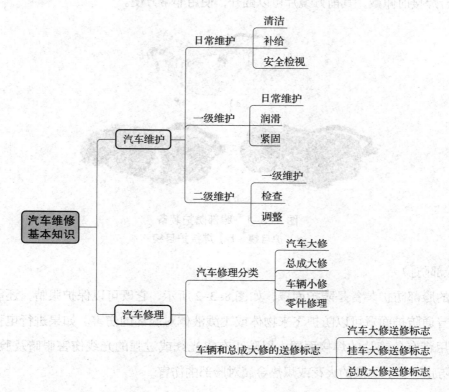

课题三 汽车维修安全生产

学习目标

1. 掌握个人安全防护要求。
2. 掌握维修工具的安全要求。
3. 掌握维修过程的安全要求。

相关知识

一、个人安全防护

1. 眼部防护

常见的眼部防护装备是护目镜，如图8-3-1所示。在车辆维修过程中，如果遇到取断螺栓或螺栓锈死的情况，往往需要用錾子或冲子铲剔，在这个过程中铁屑可能会飞入眼睛；

对车辆蓄电池进行维护时，可能会出现电解液意外溅入眼睛的情况；对事故车进行整形修复时，会用到电焊、气焊、砂轮机、电钻等设备，如果使用中出现意外同样会对眼睛造成伤害。在上述情况下或感到所进行的操作会对眼部造成伤害时，应考虑佩戴护目镜。焊接护目镜适合焊接时佩戴，其前方镜片可以翻开，使用非常方便。

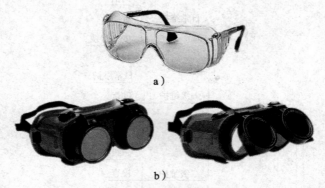

图 8-3-1　眼部防护装备
a）护目镜　b）焊接护目镜

2. 脸部防护

常见的脸部防护装备是防护面罩，如图 8-3-2 所示，它既可以保护眼睛，还能保护整个面部。普通防护面罩可以防护飞来物体或飞溅液体对脸部的伤害。如果进行电弧焊或气焊，要使用带有色镜片的焊接面罩，以防止有害光线或过强的光线伤害眼睛及脸部皮肤，同时也能防止焊接时飞溅的火花或炽热金属对脸部的伤害。

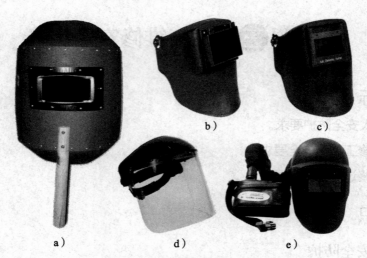

图 8-3-2　脸部防护装备
a）手持式电焊面罩　b）翻盖式电焊面罩　c）光控式电焊面罩
d）头戴式防飞溅面罩　e）呼吸型电焊面罩

3. 听力防护

汽车维修工作场所的噪声很大，各种设备如冲击扳手、空气压缩机、砂轮机、发动机等工作时都会产生很大的噪声。短时的高噪声会造成暂时性听力丧失，而持续的低噪声会对人的听觉及身体造成长期伤害。

常见的听力保护装备有耳罩和耳塞，如图 8-3-3 所示，噪声极高时可同时佩戴。一般在钣金车间必须佩戴耳罩或耳塞。

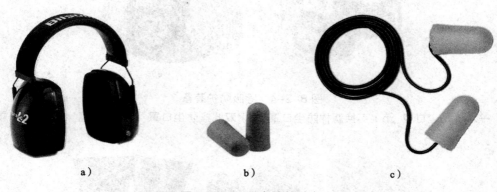

a)   b)   c)

图 8-3-3　听力防护装备
a）耳罩　b）耳塞　c）带线耳塞

4. 呼吸防护

汽车维修作业过程中有时会接触到有毒有害气体和粉尘，如蓄电池充电时释放的气体、打磨腻子时的粉尘和喷漆时的漆雾等，这些物质对维修人员的呼吸道和肺部有一定的刺激和伤害，甚至会永久伤害维修人员的身体健康。因此，必须实施有效的防护。

常用的呼吸防护装备有防尘口罩、防毒口罩等，如图 8-3-4 所示。防尘口罩有的是一次性的，有的可以更换防尘滤棉或滤盒重复使用。防毒口罩也有防尘功能，使用时应该根据使用情况及时更换滤毒罐。

5. 手部防护

手部防护要注意两点：一是不要把手伸至危险区域，如发动机前部转动的传动带区域、发动机排气管道附近等；二是要戴上防护手套。不同的场合需要戴不同的防护手套，进行金属加工时应戴棉纱或双层牛皮防护手套，接触化学物品时应戴橡胶手套，如图 8-3-5 所示。

6. 足部防护

在汽车维修工作场所要穿防护鞋，这样可以保护脚面不被落下的重物砸伤，而且防护鞋的鞋底是防油、防滑的，可以防止维修人员足下打滑、意外摔倒，避免造成不必要的损伤，如图 8-3-6 所示。

图 8-3-4　呼吸防护装备

a）一次性防尘口罩　b）可换滤棉防尘口罩　c）双滤盒防尘口罩　d）滤毒罐　e）防毒口罩

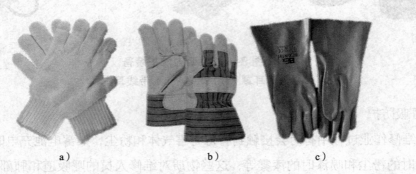

图 8-3-5　手部防护装备

a）棉纱防护手套　b）双层牛皮防护手套　c）橡胶手套

7. 身体防护

在汽车维修工作场所穿着宽松的衣服、长袖子、领带等容易
被卷进旋转的机器中，因此一定要穿合体的工作服或连体工作服。
穿着工作服能起到预防人身伤害的作用，如图 8-3-7 所示。

穿着工作服进行维修作业时的注意事项如下：

（1）切勿将尖锐物放在衣袋里，以防止不慎刺伤身体或划伤
车辆漆面。

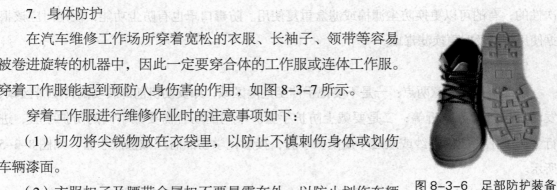

图 8-3-6　足部防护装备

（2）衣服扣子及腰带金属扣不要暴露在外，以防止划伤车辆
漆面。

（3）袖口不要太长或太宽松，以防被卷进旋转的机器或机件中，应穿着紧袖口的工作服。

（4）应穿着纯棉面料的工作服，不要穿易燃、易产生静电的化纤服装。

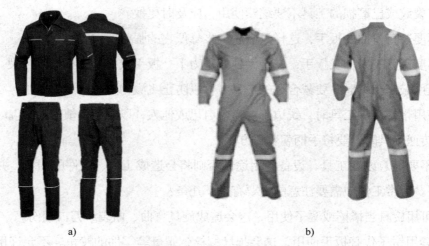

图 8-3-7　身体防护装备
a）工作服　b）连体工作服

8. 其他注意事项

（1）工作时不要戴手表或其他饰品，特别是金属饰品，因为金属饰品在进行电气维修时可能会导入电流而灼伤皮肤，或导致电路短路而损坏电子元件或设备。

（2）尽量不要留长发，长发容易被卷进旋转的机器或机件中。如留有长发，工作时应戴工作帽，并将长发收于工作帽中。

（3）工作场地不得吸烟。汽车维修场所存在易燃、易爆物品，如汽油、柴油、油漆、乙炔气等，一定要注意防火。

（4）工作前、工作中切勿饮酒。

（5）严禁无证驾车。

二、维修工具的安全要求

正确、合理地使用汽车维修工具和设备，有利于保障维修人员的人身安全和工作效率的提高。

1. 手动工具、设备的安全要求

（1）作业中应选择大小和类型都合适的扳手，否则会造成扳手打滑，损坏螺栓或螺母的棱角，引起人身伤害。

（2）使用工具、设备前应先擦净工具、设备和手上的油污，以免工作时滑脱而导致事故，使用后应及时擦净并放在适当位置。

（3）使用扳手时，最好施加垂直、均匀的拉力，若必须推动，也只能用手掌来推，并且手指要伸开，以防螺栓或螺母突然松动而碰伤手指。

（4）手柄活动或断裂的工具应修理或更换。

（5）有裂纹或已磨损的工具不要继续使用，应及时更换。

（6）不要矫直弯曲的扳手，这样只会进一步降低它的强度。

（7）不要用管子来加长扳手，在过大的作用力下，扳手或螺栓会打滑或断裂。

（8）使用敲击工具时，要戴合适的护目镜，以防止飞溅物对眼睛造成伤害。

（9）使用带锐边的工具时，锐边不要对着自己或他人，以防止不慎伤人。

（10）传递工具时，要将手柄朝着对方。

（11）不要随意改变工具、设备的用途，否则将会造成工具、机件的损坏，并且可能对人造成伤害。日常工作中需要注意的主要有以下几条：

1）不可用旋具当撬棒或錾子使用，这会造成旋具弯曲、断裂或刀口损伤。

2）严禁用钳子代替扳手使用，这会损坏螺栓、螺母等零件的棱角。不允许用钳柄代替撬棒使用，这会造成钳柄弯曲、折断或损坏。

3）切勿用錾子、冲子、刮刀或锉刀当撬棒使用，这些工具硬度高但韧性差，过大的力会损坏或折断。

4）手动、动力或冲击工具的套筒不能互换使用，否则会导致损坏或伤害。

5）扭力扳手只用于拧紧或拧松螺栓或螺母，不能将其当一般扳手来使用。

6）除了锤子之外，其他工具不要进行锤击操作，否则会造成工具损伤或发生意外。

2. 动力工具、设备的安全要求

动力工具、设备是指以电力或压缩空气为动力的工具、设备，动力工具、设备的安全使用要求如下：

（1）使用动力工具、设备之前，应先阅读操作说明，以确保使用安全。

（2）未经正确使用培训，切勿操作动力工具、设备。

（3）所有的电气设备都要使用三孔插座，地线要安全接地，电缆或装配松动时应及时维护。

（4）使用前检查动力工具、设备有无异常，电源电压（气源气压）、电缆（气管）、安全接地是否正常。

（5）启动动力工具、设备前，应确保设备的运转部件不会碰到其他物品。

（6）操作时要等待机器全速稳定运转后才能开始工作。

（7）使用动力工具、设备时，要与旋转中的旋转轴及配件保持距离，不要穿戴首饰及肥大的衣服来使用工具、设备，束好长发、围巾、领带等易缠绕物。

（8）当操作某些动力工具、设备时，要按规定戴上护目镜、防护手套及防护面罩等。如用砂轮机修磨机件，必须戴上可抵抗冲击的护目镜。

（9）所有旋转的动力工具、设备都应有可靠的锁止装置及安全罩，以减少发生部件飞出伤人的可能性。

（10）操作动力工具、设备时要全神贯注，不要环顾四周或与他人交谈。

（11）动力工具、设备正在运转或电源接通时，切勿试图调整、润滑或清洁设备。

（12）不要猛拉电缆或气管，也不要将汽车或设备压在电缆或气管上。

（13）当不用动力工具、设备时，应关掉电源（气源），拔出全部电缆（气管）的插头（接头），并把设备放回到适当位置。

3. 举升设备的安全要求

举升机在汽车维修保养中发挥着至关重要的作用，汽车维修时经常需要把车辆从地面整体或局部举升起来才能操作。举升不当不仅损坏车辆，还极容易发生严重的人身伤害事故。维修工作人员使用时务必严格遵守汽车举升机的安全使用要求。

（1）汽车举升机的安全要求

汽车举升机的作用是将车辆整体举升，其安全使用要求如下：

1）操作者要熟悉汽车举升机所有操作要领。

2）使用前应清除举升机附近妨碍作业的器具及杂物。

3）举升前要检查确认设备各部位技术状况是否正常。

4）举升车辆的质量要小于举升机的额定举升质量。

5）按车辆使用说明书的要求正确选择车辆的支撑位置（图8-3-8）。

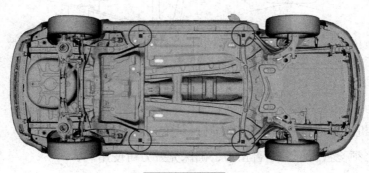

汽车举升机支撑位置　　　　　　　圆圈内为支撑位置

图8-3-8　举升机支撑位置

6）车辆内有人时切勿举升车辆。

7）车辆举升离地约10 cm时，应停止举升并从车辆侧面晃动车辆，当确认平稳可靠时方可继续举升。

8）液压举升机举升到工作高度后，要确认锁止块锁止有效，方可进行维修作业。

9）车下有人作业时严禁升降举升机。

10）发现操作机构不灵、电动机不同步、托架不平或液压部分漏油时，应立即停机检修。

11）降下举升机前，要确保把所有工具和其他设备从车下面移开，尤其是确保无人在车辆下面。

12）定期检查、保养举升机。

（2）移动式举升机的安全要求

汽车维修行业常用的移动式举升机主要有卧式液压千斤顶、立式液压千斤顶和随车千斤顶（轿车的随车千斤顶多为机械式，其支撑位置如图8-3-9所示）等。

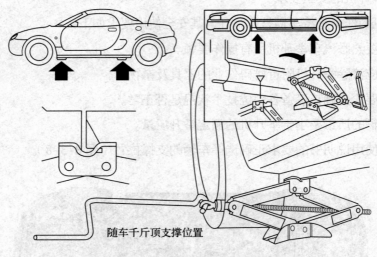

随车千斤顶支撑位置

图 8-3-9　随车千斤顶支撑位置

移动式举升机的作用是将车辆局部举升，其安全使用要求如下：

1）使用前必须检查各部分是否正常，确保完好方可使用。

2）举升前要用楔块将车轮楔住，楔块放在不举升车轮的前后部，防止车辆前后移动。

3）举升时要按车辆使用说明书的要求，选择正确的车辆支撑位置，如图8-3-10所示。

4）移动式举升机将车辆举升后，不要将移动式举升机作为支撑物使用，应及时用安全支架将车辆支撑牢固，支撑牢固后方可进行维修作业。

5）车辆降落时应检查车下情况后才可放下车辆。

6）定期检查、保养移动式举升机。

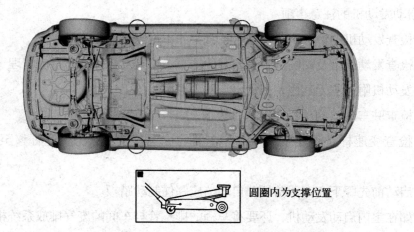

圆圈内为支撑位置

图 8-3-10　移动式举升机支撑位置

三、维修过程的安全要求

1. 维修操作过程中的一般要求

（1）维修人员要熟知并严格遵守车辆维修手册中规定的安全注意事项和操作规程。

（2）检修电喷发动机的供油系统时，必须先对油路进行泄压处理，以防止汽油泄漏飞溅到漏电的高压线或高温物体上，引起燃烧。

（3）检修汽车电路时，不可乱拉电线。对于经常烧断熔丝的故障，应查明故障原因，不可换上大号熔丝或用铜丝代替。

（4）发动机温度高时，不可拧开冷却水箱盖，以防有压力的冷却液烫伤人。

（5）对车身进行电焊作业时，应断开蓄电池负极，以防损坏车辆电气设备。

（6）在烤漆房烤漆时，汽车烤漆的时间一般为 30～40 min，温度一般为 60～70 ℃，防止时间过长或温度过高引起计算机损坏或线路老化。

2. 运转件旁的安全要求

在运转件旁工作时，要始终注意手和身体与运转件的安全工作距离，特别是在电动冷却风扇旁边操作要格外小心，以防风扇突然转动。修理用的抹布、工具、零件等物品不能放在运转件旁边，以防物品滑落到运转件中发生危险。

3. 车下工作的安全要求

（1）确保汽车支撑可靠，严禁用易碎物垫撑车辆。

（2）若车上车下同时有人工作，车上车下人员应相互照应，以防车上掉落物体或操作时伤及他人。

（3）在拆装质量大的总成部件时应使用托架托稳，操作中决不能用手指试探螺纹孔、销孔，以防发生轧断手指的意外。

4. 启动发动机的注意事项

（1）检查发动机的油、水、电是否正常，如不足应补充至正常。

（2）检查发动机上及周围是否有遗漏的抹布、工具及零件，如有应清理干净。

（3）发动机附近应无其他人员从事与发动机相关的工作。

（4）检查驻车制动器是否处于制动状态，如否应拉紧驻车制动。

（5）检查变速杆是否处于空挡或停车挡的位置，如否应将变速杆移至空挡或停车挡位置。

（6）启动前先踩下离合器踏板，自动挡应踩住制动踏板。

（7）如在室内启动发动机，还要将车辆的排气管与车间的废气排放系统相连接。

（8）满足以上条件后，才可以启动发动机。

知识总结

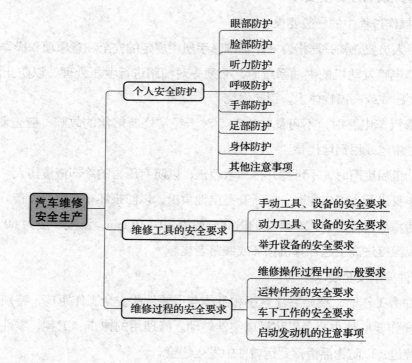